不老的秘密

皮肤科医生的科学防晒指南

［韩］安建荣　［韩］安圣龟　著

那初咨询　译

青岛出版社
QINGDAO PUBLISHING HOUSE

图书在版编目（CIP）数据

不老的秘密：皮肤科医生的科学防晒指南 /（韩）安建荣，（韩）安圣龟著；那初咨询译．— 青岛：青岛出版社，2021.5

ISBN 978-7-5552-9725-3

Ⅰ．①不…　Ⅱ．①安…②安…③那…　Ⅲ．①防晒用皮肤化妆品 - 指南　Ⅳ．① TQ658.2-62

中国版本图书馆 CIP 数据核字（2021）第 081383 号

书　　名　不老的秘密：皮肤科医生的科学防晒指南
BULAO DE MIMI：PIFUKE YISHENG DE KEXUE FANGSHAI ZHINAN

著　　者　［韩］安建荣　［韩］安圣龟
译　　者　那初咨询
出版发行　青岛出版社
社　　址　青岛市海尔路 182 号（266061）
本社网址　http://www.qdpub.com
邮购电话　13335059110（0532）68068091
策　　划　周鸿媛　王　宁
责任编辑　曲　静
装帧设计　尚世视觉　光合时代
照　　排　乐道视觉创意设计有限公司
印　　刷　青岛双星华信印刷有限公司
出版日期　2021 年 5 月第 1 版　2021 年 5 月第 1 次印刷
开　　本　16 开（710mm × 1000mm）
印　　张　10
字　　数　110 千
书　　号　ISBN 978-7-5552-9725-3
定　　价　39.80 元

编校质量、盗版监督服务电话：4006532017　0532-68068050

前言

随着现代人寿命的延长，大众对皮肤老化的关注度也比以往任何时期都要高。外貌和内心关系密切。虽然内心比外貌更重要，但外貌对内心的影响也不能忽视。实际上，在过去30年的临床治疗经历中，我见过无数外貌变年轻，心也跟着变年轻的例子。这告诉我们：要关注皮肤老化的原因。

皮肤位于人体的最外面，不仅起到保护人体的作用，而且是决定外貌的要素。如果我们知道了皮肤老化的原因并做了针对性的预防，就比不知道的人有了优势，就可以更自信地经营自己的人生。心脏和大脑等内部器官会随着年龄的增长而老化，但皮肤的老化不仅仅是因为年龄的增长。紫外线、空气污染、不良生活习惯（比如吸烟）等各种因素都会对皮肤老化的速度产生影响，即内在因素和外在因素都会影响皮肤的老化。

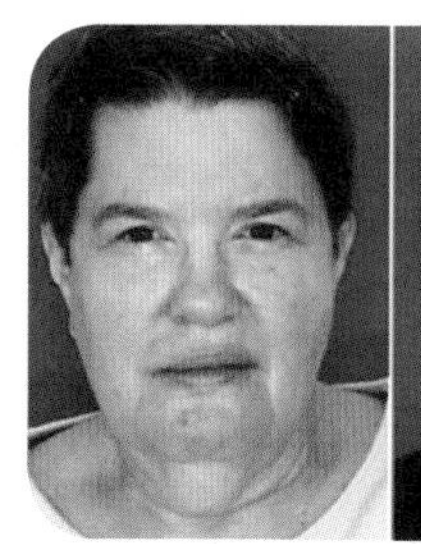
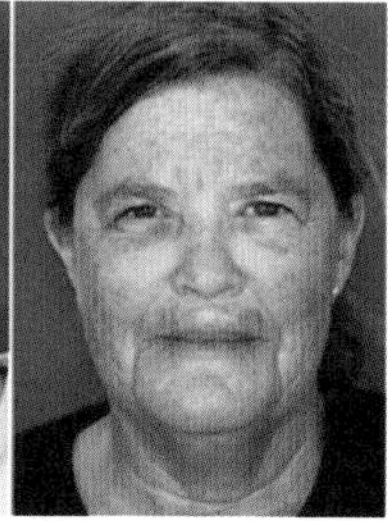
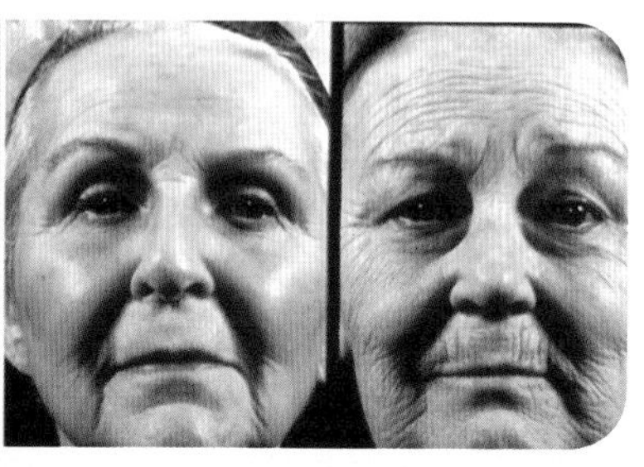

同卵双胞胎皮肤老化程度对比[①]

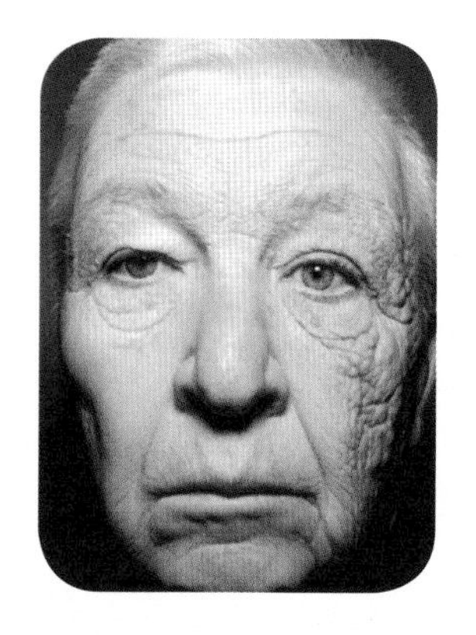

图片来源：《新英格兰医学杂志》

针对同卵双胞胎（基因高度相似）进行的研究证实了这个事实。同一对双胞胎成年后的生活环境和生活习惯不同，皮肤老化的程度也截然不同。甚至在同一个人的脸上，皮肤老化程度也可能呈现差异。请看左面这位开了25年货车的美国老人的面部照片：经常接受紫外线照射的左侧面部的皱纹远远多于不常晒到的右侧面部。

撰写这本书的目的是希望大家在了解紫外线和皮肤的相关知识后，身体和内心都能变得更年轻。考虑到不同读者的需求，本书采用了便于普通读者理解的表达方式，同时还提供了专业人员也能参考的具体资料。第一章用易于理解的语言概括性地讲述了紫外线和皮肤的基础知识，之

---

① B Guyuron, DJ Rowe, et al, "Factors contributing to the facial aging of identical twins," *PlastReconstrSurg*, 123（2009）：1322.

后为那些想进一步了解紫外线的读者提供了专业性更强的资料。

如果能熟知影响皮肤老化的因素并正确应对，就完全有可能推迟或预防皮肤老化。看完这本书后，请立即行动起来吧！皮肤变年轻之后，你不仅会更自信，还能感到心也跟着变年轻了。总而言之，希望读者通过这本书了解紫外线对皮肤产生的影响，从而拥有年轻且健康的身心。

安建荣、安圣龟

2020年冬

目录

紫外线对皮肤的影响

防晒剂与防晒系数

防晒霜的类型及使用

不同人群的
防晒指南

生活中的
防晒秘诀

附录

第一章

紫外线对皮肤的影响

01

了解紫外线

“用眼睛能看到的并不是全部”，这句话在光线世界也同样有效。有趣的是，我们无法看到的光大多具有强大的能量。比如微波炉，它不需要点火，也不导热，但可以用电磁波瞬间加热食物。高速公路服务站安装的水杯消毒器也一样，其原理是利用人工紫外线破坏微生物的DNA（脱氧核糖核酸），从而起到杀菌作用。

我们的眼睛能看到的光叫作可见光，可见光只不过是太阳光的一部分。太阳光以电磁波的形式来到我们身边，根据波长的不同分为可见光、红外线、紫外线等。彩虹呈现出红、橙、黄、绿、蓝、靛、紫七种颜色，就是可见光被折射及反射的结果。位于红光之外的红外线和紫光之外的紫外线，人类的眼睛是看不到的。在紫光之外，波长介于200～400nm的光称为紫外线（ultraviolet，UV）。紫外线又可以分为UVA（紫外线A）、UVB（紫外线B）、UVC（紫外线C）。其中，UVA

的波长最长，UVC的波长最短。

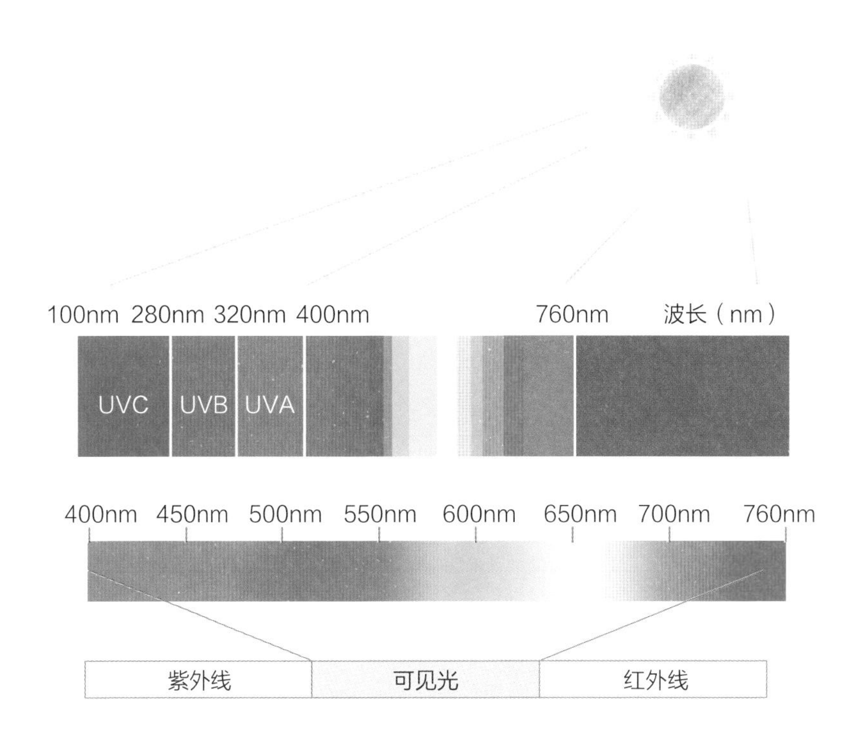

可见光和紫外线光谱

02

紫外线和皮肤的关系

下雨天或者冬季阴天的时候也有人涂防晒霜。你可能会觉得这么做有点儿过分了，但在皮肤科医生眼里，这些人正是正确理解了紫外线特点的人。紫外线根据波长的长度分为长波紫外线（UVA，波长320～400nm）、中波紫外线（UVB，波长320～280nm）、短波紫外线（UVC，波长200～280nm），波长不同，对皮肤的伤害程度也不同。

波长最长的UVA能量不强，不会引起日光灼伤，但能渗透到皮肤深处（真皮层）。因此，如果长时间暴露在UVA下，真皮的主成分兼皮肤弹性担当——胶原蛋白就会变性，从而加速光老化（photoaging）。比UVA波长短的UVB虽仅能到达表皮层，不能渗透到真皮层，但它传递的能量很强，会引起日光灼伤。在海边游玩的时候皮肤会被日光灼伤，其罪魁祸首就是UVB（日光灼伤引起的水泡是表皮层死掉后形成的）。

防晒霜广告里通常只会提到以上两种紫外线，而不提UVC。难道UVC就安全吗？当然不是。只不过UVC的波长是紫外线中最短的，虽然它的能量最强，致癌能力也最强，但绝大部分被平流层的臭氧层所吸收，很难到达地面。算是万幸吧。

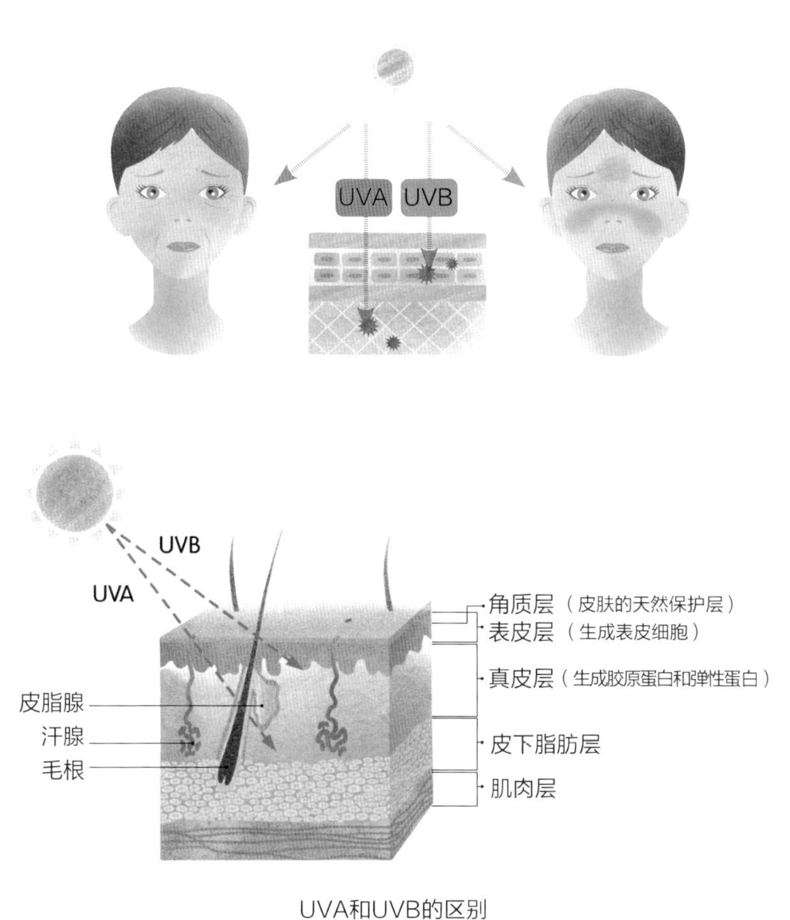

UVA和UVB的区别

UVA和UVB对皮肤的影响

	UVA	UVB
红斑生成能力	弱	强
红斑表露时间	4～6小时	2～6小时
即时色素沉着	强	弱
DNA损伤机制	形成活性氧	形成嘧啶二聚体[①]（pyrimidine dimer）
对皮肤的影响	引起色素沉着、皮肤老化、日光过敏	引起日光灼伤、皮肤癌
特点	直接晒黑皮肤；渗透到真皮下层	间接晒黑皮肤；渗透到表皮基底层至真皮顶层之间

蓝光也是紫外线吗？

最近，许多化妆品和眼镜都宣称有“防蓝光”功能。蓝光到底是什么，为什么要防蓝光呢？蓝光指的其实是蓝紫光。蓝（紫）光的波长为400～500nm，属于可见光领域，不是紫外线。蓝光有安定作用，并有助于眼睛看清事物。但是，东方人携带视蛋白基因3（opsin-3），被蓝光照射后，黑色素细胞会生产更多的黑色素。如果皮肤已有色素沉着，情况可能会因照射过多蓝光而加重，应该格外注意。另外，智能手机和显示器等电子设备也会辐射蓝光，过度使用这些设备时眼睛健康会受到威胁。眼睛在白天会适当地调整进光量，但在黑暗的环境中，瞳孔会散大以增加进光量，如果突然看手机或长时间在黑暗环境中使用手机，视细胞就可能受损，甚至出现黄斑病变，这一点一定要记住。

① 紫外线照射DNA产生的二聚体。最常见的是胸腺嘧啶二聚体。

臭氧层的破坏

氟利昂（freon）是一种常见的制冷剂，已逐渐被各国禁用。因为有研究结果显示，之前作为冰箱冷媒介质广泛使用的氟利昂是破坏南极臭氧层的罪魁祸首。臭氧层位于离地面10～50km的平流层，可以吸收紫外线，起到保护地球上生命体的作用。对人体最有害的UVC几乎全部被臭氧层吸收。20世纪70年代，科研人员观测发现了臭氧层被破坏导致臭氧量减少的事实；2015年，NASA（美国国家航空航天局）报告在南半球有很大面积的臭氧层被破坏。臭氧层被破坏导致更多的紫外线通过臭氧层空洞到达地面。紫外线的增加会引发日光灼伤、白内障、皮肤老化、皮肤癌、免疫力下降等诸多问题，这也是紫外线越来越受关注的原因。

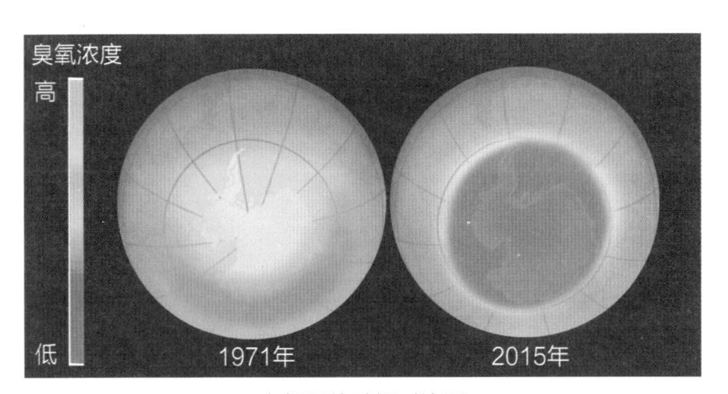

臭氧层的破坏对比图

03

紫外线导致的各种皮肤反应

(1)红斑反应

如果接受过多的紫外线照射，皮肤就会发红。这是由紫外线引起的炎症导致真皮里面的毛细血管扩张、血流量增加而产生的，这种现象称为“红斑反应”。紫外线导致皮肤发红的机制基本上属于炎症反应的一种。紫外线进入皮肤后，主要攻击表皮层和真皮层顶部，被破坏的上皮细胞会释放出各种细胞因子(cytokines)。这些细胞因子可使真皮的毛细血管扩张、血流量增加，皮肤表面就会呈现红斑反应。

被紫外线照射了，不代表一定会产生红斑。红斑量通常跟紫外线的照射剂量有关。那么，接受多少紫外线照射会产生红斑呢？用紫外线照射皮肤，在皮肤上产生肉眼可见红斑所需的最小紫外线剂量称为“最小红斑量”(minimal erythema dose，MED)。此外，肤质、季节和场所不同，红斑量也会有差异。

在接受紫外线照射后很快就出现，并且能很快消退的红斑叫即时红斑；在接受了紫外线的照射30分钟到4小时之后产生的红斑叫滞后红斑，通常会持续存在1～2天的时间。

各种紫外线对皮肤的影响比较

	UVA	UVB	UVC
红斑生成能力	弱	强	强
表露时间	4～6小时	2～6小时	0.5～1.5小时
反应峰值出现时间	10～12小时	24～36小时	6～8小时
反应时长	36～48小时	72～120小时	12～36小时
色素生成能力	中	强	弱
日光灼伤程度	微弱	强	强

(2)日光灼伤

去一趟海边之后，皮肤会变得通红、肿胀，甚至会起水泡，这就是日光灼伤的症状。日光灼伤的主要原因是皮肤直接暴露在过量的UVB之下，灼伤的程度与UVB的照射量成正比。

日光灼伤的症状会经历4～6小时的潜伏期，在12～24小时达到顶峰。所以，晒太阳时看不出什么特别的征兆，第二天才会觉得皮肤疼痛，严重时还会有发冷、发热、恶心等全身症状。那么，长时间在户外活动就会导致日光灼伤吗？并不是。关键要看你在紫外线下，尤其是在强烈的阳光下呆了多长时间。

儿时接受的紫外线照射，影响可能持续到 80 岁!

据说，人一辈子接受的紫外线照射总量，有80%来自18岁之前。这意味着皮肤较脆弱的儿童和青少年时期是防紫外线的关键时期。在这些时期所受的紫外线照射，会影响将来的皮肤状态。在孩子喜欢在户外奔跑玩耍的时期，带上防晒霜、长袖衣服、帽子等再出门吧。

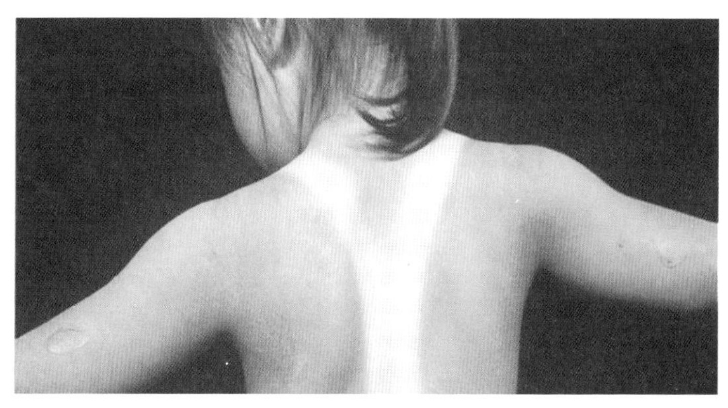

因户外活动而晒黑的儿童的皮肤

(3)皮肤老化

先讲一下我在蒙古戈壁沙漠做医疗志愿者时的故事吧。病人记录表上写着患者是30岁的女性，所以我以为来的理应是年轻的女性。但是，开门背着孩子进来的却是满脸皱纹和黑斑的老奶奶。当时我以为是换了别的病人进来，但是再次确认后却发现眼前的“老奶奶”就是记录表上的30岁女性。沙漠干燥的热风和高原地带的强烈紫外线，把30岁女性的皮肤变成了60多岁的皮肤。一定要记住，这种紫外线带来的光老化比我们想的更加严重。

紫外线能引发皮肤老化已经被无数研究证实。而且，使保持皮肤弹性的胶原蛋白变性（松弛、断裂等）的罪魁祸首也是紫外线。紫外线渗透到皮肤里，会促使皮肤细胞制造更多的活性氧（reactive oxygen species，ROS）。ROS能对皮肤弹性担当——胶原蛋白和弹性蛋白产生多方面的负面作用（遏制生成和促进分解）。具体来说就是，一方面抑制TGF–β（转化生长因子–β）的生成并阻碍胶原蛋白合成，另一方面激活基质金属蛋白酶（matrix metalloproteinase，MMPs），分解原有的胶原蛋白，减弱皮肤弹性。此外，吸烟也会引起胶原蛋白变性。但是，皮肤老化并不是一次形成的，而是渐渐累加的结果。如果平时不注意防紫外线，那么30岁以后面部比别人显老的可能性就更大。你希望皮肤在10年、20年以后也能保持光滑吗？那么请辛苦一下，每天早上都涂抹防晒霜吧。

光老化导致的皱纹很深的皮肤

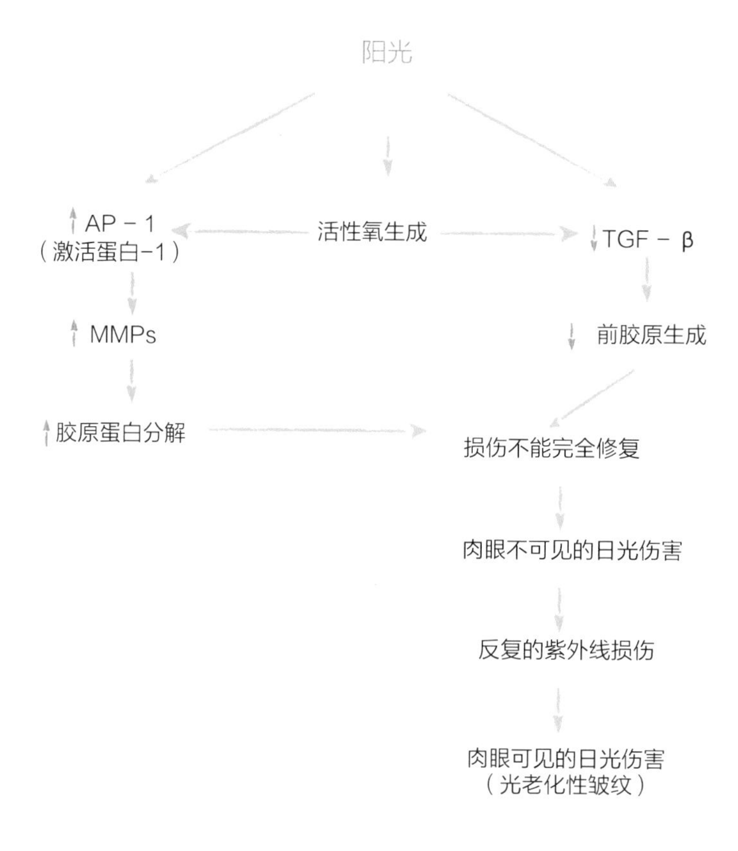

光老化的进程

（4）皮下脂肪减少

韩国的首尔大学最近的研究结果显示，紫外线不仅能促进皮肤老化，也会促进皮下脂肪的分解，延缓脂肪生成速度。紫外线导致皮下脂肪量减少，会让皮肤变得更加皱巴。

紫外线对眼睛的伤害

50岁之后，与分开很长时间的小学同学相见，一眼认不出来的情况很多，往往只是看着眼熟。老朋友眼角的皱纹让人切身感受到了岁月的流逝。很多人会惊讶于眼角突然增多的皱纹，而用手术等方法消除皱纹只会加深苦恼。眼睛周围的皮肤和皮下脂肪都很薄，本来就容易产生皱纹，而紫外线会加速皱纹的产生。紫外线还会损伤角膜，导致黑眼圈。即使戴上太阳镜，眼角的皱纹也无法遮蔽。当然，使用防晒霜可以预防。注意，眼角的皮肤较敏感，最好使用刺激小的有机防晒霜。紫外线强烈的时候，为了缓解眼部疲劳，眼睛部位最好不要化浓妆。

（5）色斑（色素沉着）

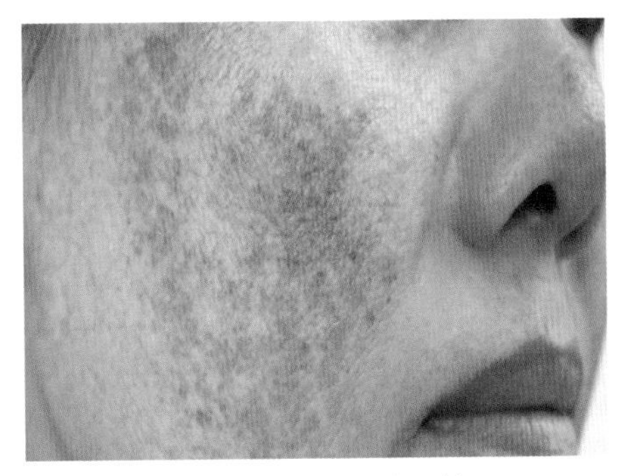

紫外线引起的色素沉着

女性梦寐以求的美丽皮肤不就是即使不化妆也毫无瑕疵、通透而有光泽的吗？如果皮肤上色斑很多，即使脸型很美，美貌也会大打折扣。紫外线会刺激黑色素生成。如果经常暴露在紫外线下或者短时间暴露在强烈的紫外线下，黑色素细胞就会过度活跃。保持皮肤的弹性和形态的是真皮中的胶原蛋白，而制造胶原蛋白的细胞就是成纤维细胞。顾名思义，成纤维细胞就是生成胶原纤维的一种细胞。紫外线连成纤维细胞也攻击。最新研究显示，日光性黑子[①]（solar

① 形状不规则的色素沉着，与日光照射有关，常见于中老年人。

lentigo）形成的原因是细胞的光老化。紫外线不仅通过刺激黑色素细胞促进黑色素的产生，还引发成纤维细胞的光老化，增加色斑的形成。色斑一旦出现，就几乎不会自动消失，做护理只能控制色斑不再生成。

紫外线引起的色素沉着种类

	即时色素沉着	滞后色素沉着
诱因	主要由UVA引起，但可见光、UVB也参与了	UVA、UVB、UVC和可见光
生成时间	照射后几小时	照射后3～4天
恢复时间	24小时以内	几周
皮肤变化	浅色皮肤没有变化，深色皮肤呈现微弱的灰色	在大部分肤色中明显表露

光老化皮肤的五大特点

1. 皱纹比同龄人深且多。
2. 脸、脖子、胳膊、腿等露出来的部位的皮肤中的毛细血管变松弛。
3. 日光性黑子等色斑很多。
4. 皮肤表面就像皮革一样又粗又厚。
5. 肤色不均。

（6）皮肤癌

世界卫生组织（WHO）把日光界定为一级致癌物质。因为日光中的紫外线会损伤皮肤细胞的DNA分子。正常皮肤中存在修复受损DNA的酶，但如果长时间暴露在强烈的紫外线下，就会超出这种酶的修复能力，从而导致DNA受损。DNA损伤日积月累，就可能引发P53抑癌基因的变异，从而增加皮肤癌风险或引发皮肤癌。皮肤癌的典型种类有黑色素瘤（melanoma）、鳞状细胞癌（squamous cell carcinoma）、基底细胞癌（basal cell carcinoma）三种。其中黑色素瘤最为致命，其余两种多见于老年人，这是因为紫外线造成的损伤会长年累积。随着人类寿命的延长，皮肤癌的发病率升高也是一种很自然的现象，但近年来皮肤癌在年轻群体中的发病率也呈升高趋势。据报告显示，90%左右的皮肤癌是由紫外线引起的。

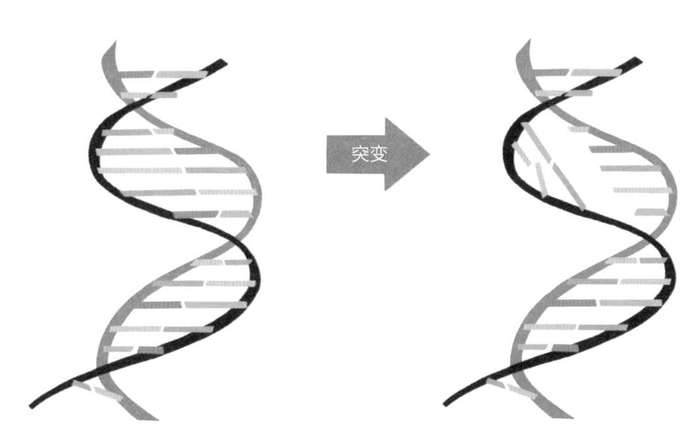

紫外线引起的基因突变

世界卫生组织（WHO）的致癌物质分类

类别	物质
1类 （明确对人致癌）	酒、烟、日光（紫外线）、苯、空气污染、木尘、石棉、亚硝胺、电离辐射等120种
2A类 （很可能对人致癌）	阿霉素、丙烯酰胺等81种
2B类 （可能对人致癌）	三聚氰胺、铅等299种
3类 （对人致癌性可疑）	煤尘、咖啡因等502种

户外运动和皮肤癌

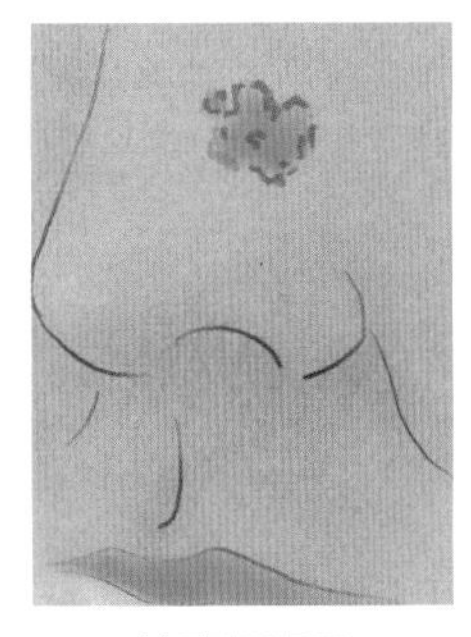
基底细胞癌

常年在紫外线下活动的户外运动员是皮肤癌发病率较高的群体。皮肤出的汗会将紫外线的伤害放大，使罹患皮肤癌的风险增加。在奥运会马拉松比赛中获得铜牌的美国运动员迪娜·卡斯托尔因长时间的训练得了皮肤癌，在完全治愈皮肤癌后，她向运动员和大众发出了如下呼吁：

“为保持皮肤健康，一定要涂抹防晒霜，穿上遮阳的衣服或戴上帽子。阳光强烈时，要尽量少晒太阳，摄取含有抗氧化物质的食物。而且，定期接受皮肤检查也很重要。”

东方人的皮肤癌发病率

对东方人的皮肤癌研究相比西方人的要少，因为跟西方人相比，东方人患皮肤癌的概率较低。韩国一所大学医院皮肤科的调查结果显示，皮肤科初诊患者中有0.1%～1%是皮肤癌患者。韩国人的皮肤恶性肿瘤中，基底细胞癌占30%～40%，鳞状细胞癌占27%，黑色素瘤占16%。

（7）日光过敏

紫外线也是日光过敏的原因之一。即使在炎热的夏季，也有一些人穿着长袖衣服，用围巾等把身体裹得严严实实。因为他们一晒太阳，皮肤就会肿胀并发痒，之后鼓起的包还会破裂。当然并不是所有人都会出现这种症状，只有对特殊波长的光有过敏反应的人才会患上这种疾病，但是，其罪魁祸首是紫外线。

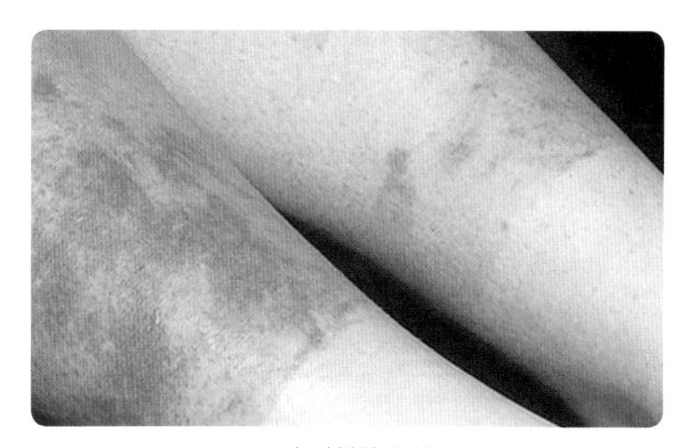

日光过敏的症状

紫外线对我们只有害处吗?

(1)紫外线能促进维生素D生成

紫外线并不是只做让人讨厌的事，它还能促进维生素D的合成。孕妇或老人常在医院开维生素D滴剂之类的维生素D补充剂，因为维生素D能强健骨骼，还能提高免疫力。除此之外，维生素D还能促进血清素(它能带来幸福感、安全感)的分泌，有助于治疗抑郁症。维生素D可以通过食用蛋黄、鱼类、动物肝脏等摄取，但大部分是靠阳光生成的。从植物中可以提取维生素D_2，从动物肝脏或鱼类中可以提取维生素D_3。植物需要维生素D_2，人类需要维生素D_3。

皮肤中的一种胆固醇经UVB照射后会转变成维生素D_3，因此维生素D_3又称胆钙化醇(cholecalciferol)，其作用是将钙运到骨髓，促进骨骼的生长和钙化。儿童缺乏维生素D会导致骨头变形，引发佝偻病。但盲目地服用过多维生素D也不是好事，有可能导致高钙血症、食欲不振等副作用。最近，研究发现维生素D有提高免疫力、抗癌等跟激素相似的作用，维生素D也因此备受瞩目。

(2)防晒霜对维生素D生成的影响

韩国近期的一篇报道显示，韩国女性血液中的维生素D代谢物浓度明显低于标准值。这个调查结果让习惯于涂抹防晒霜的消费者感到不安。这意味着他们只能被迫在防晒霜和维生素D中选择一个，真的是这样吗？并非如此。该研究调查的并不是全年龄段的成年女性，而是患有骨质疏松症的55岁以上的绝经女性。显而易见，该结果并不全面。韩国保健福祉部发布的报告显示，85%的韩国人缺乏维生素D。于是，很多韩国媒体在防晒霜上找到了大部分韩国人缺乏维生素D的理由。但是，科学研究表明：涂抹防晒霜和身体里维生素D的含量并没有因果关系。

有一种遗传性皮肤病叫作着色性干皮病（xeroderma pigmentosum）。正常人的身体有修复受损DNA的功能，但患有该疾病的人先天存在DNA修复缺陷，也就是被紫外线照射后形成的DNA损伤不能被修复。因此，他们暴露在紫外线下就更容易得皮肤癌。这样的患者非常害怕晒太阳，那么他们会不会因慢性缺乏维生素D而痛苦呢？研究给出的答案是不会的。有科研机构对生活在完全没有紫外线的环境中的着色性干皮病患者群体进行了六年观察，结果只发现他们血液中维生素D的代谢物略有减少，而且他们的血钙、甲状旁腺激素含量、骨密度都没有变化。这意味着即使经常使用防晒霜，正常生活的人也不会严重缺乏维生素D。

A.R.Young等2019年在《英国皮肤病学杂志》（*British Journal of Dermatology*）上发表的论文值得关注。研究者们在欧洲的著名度假胜地加那利群岛进行了对照实验，将涂抹了只能防UVA的防晒霜的A组和涂抹了能防UVA和UVB的防晒霜的B组做了比较。结果是：A组的维生素D合成非常好，但B组的结果也不亚于A组。

韩国顺天乡大学首尔医院皮肤科教授金秀英的研究也支持该结论。

他与美国约翰斯·霍普金斯医院皮肤科进行了联合研究，对2390名参与2011—2014年美国国民健康营养调查的20～59岁美国成人进行了调查。其中，对不喜欢晒太阳，平时穿长袖衣服，每天使用很多防晒霜的光敏性皮肤群体的调查结果非常有趣。在户外活动时间基本相同的情况下，该群体找阴凉处的次数是其他群体的3倍，使用的防晒霜的量是其他群体的2倍。尽管他们在日常生活中积极地躲避阳光，但他们遭受日光灼伤的可能性仍是正常人的2倍左右。户外活动多的年轻群体和男性遭受日光灼伤的可能性更高，但维生素D缺乏症并没有增加。对此，金教授说：

"在夏天穿上短裤和短袖衣服，将皮肤的一部分暴露在阳光中几十分钟就能合成足量的维生素D，所以为了减少日光灼伤或光老化、皮肤癌，要积极做好防晒。"

过了绝经期的女性，常常因缺乏维生素D而放弃涂抹防晒霜，其实没有这个必要。近期的研究也表明，涂抹防晒霜不会影响血液中维生素D_3的含量。通常体表有大约20%的面积晒到太阳，就能得到充足的维生素D_3了，合成的这些维生素D_3可以保持活性两周以上。总之，适当接触阳光，适量摄取含有维生素D的食物是预防维生素D缺乏症常用又有效的方法。但是，晒太阳时要避开上午10点到下午2点这段紫外线过于强烈的时间。

尽管我们需要晒太阳，但没有必要长时间暴露在紫外线下。研究结果显示，只要每周花一天接受20～30分钟的紫外线照射，就可以得到建议量的维生素D。此外，在窗前做日光浴没有任何效果，因为UVB不能穿透玻璃。

每周花20～30分钟时间晒太阳，但是脸上要涂抹防晒霜。如果没时间晒太阳，就要适当口服维生素D或者每三个月注射一次维生素D。韩国有句俗话："为了抓一只跳蚤，火烧三间茅草屋。"为得到维生素D而承受紫外线带来的老化、皮肤癌、色素沉着等风险是不值得的，不能因小失大。

05

人体对抗紫外线的方法

有些人认为晒黑的皮肤很美，但是看到满脸都是色斑，眼角布满皱纹的皮肤也会觉得美吗？在皮肤科医生看来，通过晒太阳等方式晒黑皮肤是在加快皮肤老化，只会让人心疼而已。

（1）皮肤的三种防御机制

皮肤有三种应对日光伤害的防御机制。第一种是黑色素。位于表皮深处（基底层）的黑色素可以向表皮顶部移动或重新分布，吸收并隔离阳光。第二种是表皮变厚。持续暴露在阳光下时，表皮会变厚，使紫外线不能深入渗透到皮肤里，这时表皮的角蛋白成分增加，使阳光被反射或散射。第三种是中和作用。皮肤中的酶或胡萝卜素等可以发挥中和作用，避免因紫外线照射产生的自由基（free radicals）损伤细胞。自由基是不稳定的，容易与其他细胞发生反应，对DNA等造成损伤。

保护皮肤的黑色素

人类在长时间适应阳光的过程中进化出了保护机制。紫外线会损伤皮肤细胞的DNA，所以，人类如果不保护皮肤细胞，就无法在紫外线下生存。黑色素是最典型的保护物质。受到阳光照射后，位于表皮层的黑色素细胞会加速制造黑色素，输送到皮肤细胞中。黑色素会跑到细胞核的上面，像太阳伞一样挡住细胞核，起到吸收并中和渗透到皮肤里的紫外线的作用。

另外，黑色素是决定肤色的最重要的因素。皮肤中的黑色素体积越大、数量越多就越接近黑色人种，黑色素体积越小、数量越少就越接近白色人种。离赤道越近，阳光就越强烈，生活在那里的人肤色就越黑。

（2）光防护

为减少紫外线引起的损伤而采取的保护活动叫作光防护。这不是简单地避开阳光的概念，而是要全面预防、保护人体的安全。因为紫外线导致的伤害种类繁多，所以光防护的范围也很广泛。

常见的防护方式有自然防护、物理防护和化学防护。

对抗紫外线的各种方式

<table>
<tr><th>天然防护</th><th>物理防护</th></tr>
<tr><td rowspan="3">环境因素（臭氧、灰尘、云、雾等的阻挡）
生物因素（角蛋白、黑色素的保护）</td><td>衣服、太阳伞、太阳帽等</td></tr>
<tr><th>化学防护</th></tr>
<tr><td>各类防晒化妆品（含有化学成分）</td></tr>
</table>

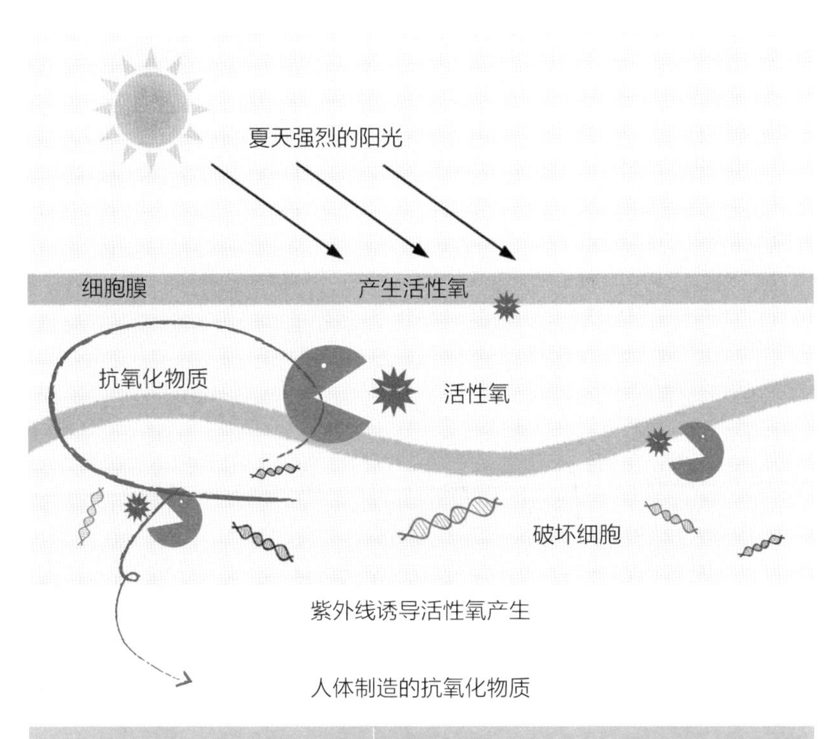

酶（内部生成）	非酶（从食物中摄取）
超氧化物歧化酶（superoxide dismutase）	类胡萝卜素（carotenoid）
过氧化氢酶（catalase）	维生素E（vitamin E）
硫氧还蛋白过氧化物酶（thioredoxin peroxidase）	硒（selenium）
谷胱甘肽过氧化物酶（glutathion peroxidase）	维生素C（vitamin C）
	黄酮类化合物（flavonoid）
	多酚（polyphenol）
	单不饱和脂肪酸（monounsaturated fatty acid）

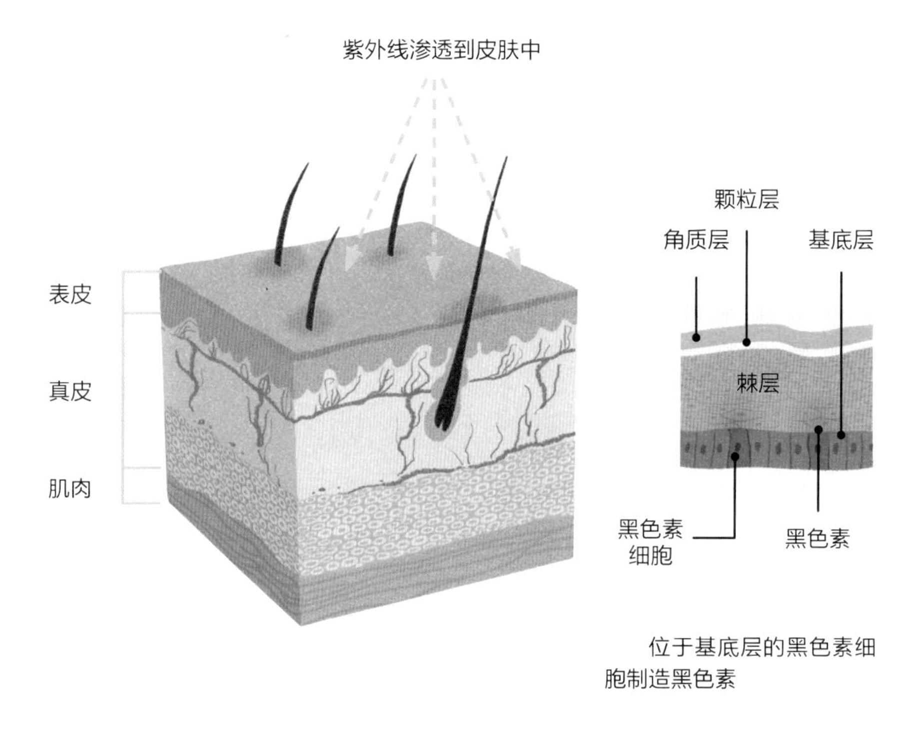

位于基底层的黑色素细胞制造黑色素

皮肤变黑的过程

待角质层脱落后生成新细胞，肤色便会完全恢复正常

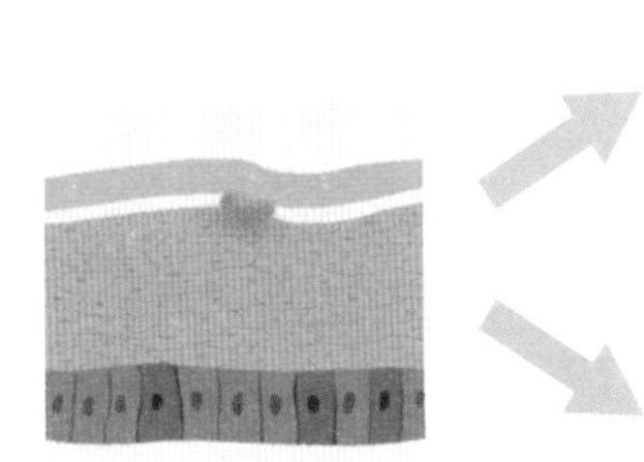

黑色素移动到角质层时，肤色逐渐变深

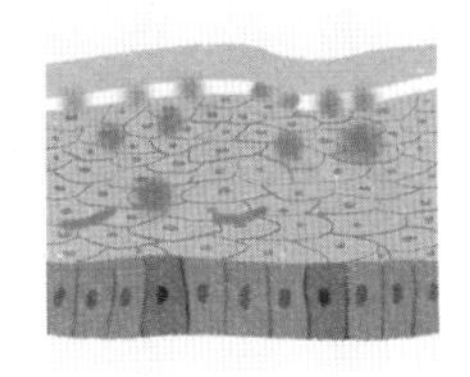

如果持续被紫外线照射，黑色素就会遍布整个表皮，导致肤色半永久性地变深

第二章

防晒剂与防晒系数

防晒霜的由来

20世纪之前，包括欧洲人在内的很多人都认为晒黑的皮肤并不美。19世纪的欧洲人为了避开阳光，经常穿宽大的衣服，戴帽檐很宽的帽子。但是，1923年法国社交界明星可可·香奈儿公开的一张照片引起了大众的关注——她在享受游艇旅行时露出了晒黑的皮肤。可可·香奈儿在自己的时装秀上炫耀着自己的古铜色皮肤，从此欧洲人便把晒黑的皮肤当作性感美和阶级的含蓄表达方式。之后，欧洲掀起了晒黑皮肤的热潮，而且还推出了完全露出腹部和后背的比基尼。但是20世纪中期，这一潮流带来的严重后果被提出，防紫外线的重要性也开始引起关注。

防晒霜的起源可以追溯到古代，但用化学成分制成的防晒产品诞生于19世纪。1928年，利洁时公司首次使用了水杨酸苄酯（benzyl salicylate）和肉桂酸苄酯（benzyl cinnamate）这两种防晒成分。1943

年，该公司开发了强效的UVB吸收剂PABA（对氨基苯甲酸），并正式用于防晒化妆品。但是，自从有文章报道PABA有潜在的光毒性，会引起过敏性接触性皮炎后，PABA便不再被使用。1942年，第二次世界大战进行期间，参战美军开始使用有防晒功能的红色凡士林。1944年，药剂师杰明·格林对红色凡士林做了改进，做出名为Red Vet Pet的防晒霜。这款防晒霜后来成了Coppertone（确美同，又称"水宝宝"）公司的一款物理防晒霜，这也是美国第一款商业化大规模生产的防晒霜。防晒霜的市场规模急剧扩大是在20世纪70年代中期。臭氧层空洞导致皮肤癌发病率增加的报道出来后，大众对防紫外线的关注增加了。与此同时，人们逐渐认识到皮肤老化的罪魁祸首是紫外线，所以防晒化妆品成了大众化产品。

进入21世纪以后，有研究人员在植物中找到了对抗紫外线的答案。如果植物没有防御物质，紫外线对植物也会产生致命影响。但是，因为植物在进化过程中蓄积了特殊的防御物质，所以紫外线对植物几乎没有什么影响。生长在紫外线强烈的高山地带或热带地区的植物，往往有更有效的防御物质。其中的典型成分就是黄酮类化合物（flavonoid）。法国南部日光强烈，从生长在其海边的松树树皮中提取的碧萝芷（Pycnogenol）被化妆品公司奉为"灵丹妙药"。碧萝芷中含有多种黄酮类化合物，同时具有抗氧化和抗紫外线作用，化妆品公司会热衷于该物质也是理所当然的事情。

强有力的抗氧化物质——碧萝芷

从法国南部海岸的海松树树皮中提取的碧萝芷是目前文献和实验室记录的最强的天然抗氧化物质，包含原花青素（procyanidin）、黄杉素、儿茶素等40多种成分。碧萝芷来源于松树皮，而将松树皮入药的历史由来已久。有记载表明，在公元前4世纪，希波克拉底就曾用松树皮治疗炎症。

碧萝芷具有清除自由基等诸多效果，可以保护维生素C和维生素E不被氧化。2007年的一项研究通过检测氧自由基吸收度、总氧化自由基清除能力，比较了11种植物化学物质的抗氧化功效，结果碧萝芷、葡萄皮提取物、茶多酚的表现最优秀。

防晒霜的历史

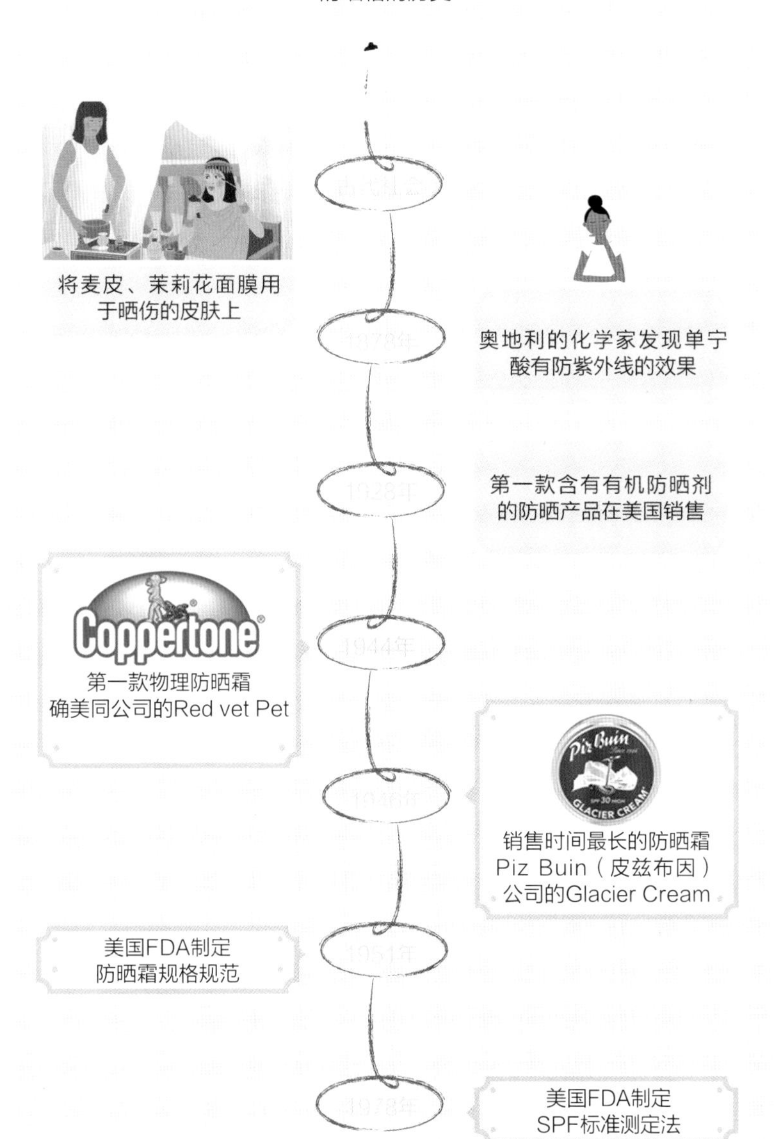
将麦皮、茉莉花面膜用
于晒伤的皮肤上
奥地利的化学家发现单宁
酸有防紫外线的效果
第一款含有有机防晒剂
的防晒产品在美国销售
Coppertone
第一款物理防晒霜
确美同公司的Red vet Pet
Piz Buin
GLACIER CREAM
销售时间最长的防晒霜
Piz Buin（皮兹布因）
公司的Glacier Cream
美国FDA制定
防晒霜规格规范
美国FDA制定
SPF标准测定法

防晒剂的种类

购买防晒霜时遇到的第一个问题，就是区别“有机防晒”“无机防晒”这些术语。“有机防晒”是有机防晒剂的简称，“无机防晒”是无机防晒剂的简称。美国食品药品监督管理局（FDA）把防晒剂分成有机防晒剂和无机防晒剂两类。无机防晒剂的防晒原理是反射紫外线，而有机防晒剂则是吸收紫外线后进行中和。因此，无机防晒剂又叫物理防晒剂，有机防晒剂又叫化学防晒剂。选择有机防晒剂还是无机防晒剂要看自己的皮肤类型。

（1）无机防晒剂（物理防晒剂）

十几年前，人们涂上防晒霜后，脸常常泛白，看起来真是“惨不忍睹”。那时大众几乎没有有机防晒和无机防晒的概念，挑选的防晒霜基本上都是使用无机防晒剂的。无机防晒剂会在皮肤表面形成一层膜，通过反射或散射隔离紫外线。它最大的优点是副作用小。另外，无机防晒剂除了能隔离UVA之外，还能隔离UVB，并且一涂抹在皮肤上就能立即反射紫外线。无机防晒剂对皮肤几乎没有刺激，使用量也几乎没有限制。因为不会像有机防晒剂一样与紫外线发生反应后变性，所以防晒持续时间比较长。无机防晒剂的缺点是涂抹后皮肤有泛白现象，并且质地偏厚重，容易因封闭作用导致毛囊炎、粉刺或起痱子。

无机防晒剂主要有二氧化钛（titanium dioxide）、氧化锌（zinc oxide）、氧化铁（iron oxide）、高岭土（kaolin）、滑石粉（talc）、镁氧化物、炉甘石（calamine）等。

涂了会泛白的防晒霜不能用吗?

有些防晒霜涂了之后皮肤容易泛白，这通常是因为它使用的是无机防晒剂。皮肤泛白并不意味着防晒霜的功效有问题。相反，无机防晒剂隔离UVA的效果比有机防晒剂更强。无机防晒剂一般颗粒较大，会停留在皮肤表面，而有机防晒剂则会渗透到皮肤里，所以比较轻薄，但易于分解。现在，市面上这两类产品都有。近来上市的智能防晒产品使用了刺激性小的植物原料或纳米粒子，不仅防晒指数提升了，还消除了泛白现象和黏黏糊糊的感觉。

要点提示

无机防晒剂的优点与缺点

· 特点：防晒剂颗粒不透光，通过反射和散射光线达到防晒目的。

· 代表成分：二氧化钛、氧化锌。

· 优点：可以隔离全波段的紫外线，不会引发过敏反应。

· 缺点：质地厚重，涂抹后皮肤会泛白，有可能引起毛囊炎、粉刺或痱子。

（2）有机防晒剂（化学防晒剂）

有机防晒剂通过吸收紫外线来中和或削弱紫外线。有机防晒剂透明而有光泽，没有泛白的问题，这是它的一大优点。它的缺点是有一定刺激性，皮肤敏感的人使用后有可能出现接触性皮炎等过敏性现象。另外，有机防晒剂涂抹后过上一定的时间就容易分解，时间过得越久，皮肤中残留的有效成分就越少。目前，市面上销售的防晒霜大部分含有2～5种有机防晒剂成分。因此，皮肤敏感的人，购买前一定要仔细查看成分表。

① 防UVA的成分

· 二苯甲酰甲烷（dibenzoylmethane）：最有效的UVA防晒剂，但没有防UVB的能力，需要搭配其他成分使用。

· 阿伏苯宗：可以吸收310～400nm波段的紫外线。吸收峰出现在357nm。

· 异丙基二苯甲酰甲烷（isopropyl dibenzoylmethane，Eusolex

8020）：主要在欧洲使用，但容易引起接触性皮炎，所以被美国禁用。

② 防UVB的成分

· 对氨基苯甲酸（PABA）及对氨基苯甲酸酯：早期使用的UVB防晒剂，耐水性比较强，但容易使衣服和皮肤变色，并可能引发接触性及光敏性皮炎。对氨基苯甲酸酯与对氨基苯甲酸有相同的紫外线吸收特性，但具有不易变色的特点。

· 肉桂酸酯（cinnamate）：桂皮提取物，化学性质与秘鲁香脂（Peru balsam）、吐鲁香脂（tolu balsam）、肉桂醛（cinnamic al）、肉桂油（cinnamic oil）类似，容易引发接触性皮炎。最常使用的是甲氧基肉桂酸乙基己酯（ethylhexyl methoxycinnamate）和西诺沙酯（cinoxate），虽然不会导致皮肤变色，但没有耐水性，需要经常补涂或搭配特殊成分使用。

· 水杨酸酯（salicylate）：能有效吸收短波UVB，需要搭配其他成分，以提高SPF值。水杨酸辛酯（octyl salicylate）和三乙醇胺水杨酸酯（triethanolamine salicylate）容易引起接触性皮炎，所以一般不使用这两种成分。

③ 同时防UVA和UVB的成分

· 二苯酮（benzophenone）：主要吸收UVB，但也能吸收一部分UVA，所以经常被使用。早期常单独使用，用于替代PABA，也可搭配其他成分实现更广泛的防护。最常用的成分是二苯酮–3（benzophenone–3）。二苯酮的过敏反应比PABA要少，而且不会让皮肤变色，缺点是耐水性差。

邻氨基苯甲酸甲酯（methyl anthranilate）：吸收波段宽，但吸收效果不佳，所以通常与其他成分搭配使用。

要点提示

有机防晒剂的优点与缺点

有机防晒剂分为UVA防晒剂和UVB防晒剂。

· UVA防晒剂有二苯酮甲酰甲烷、阿伏苯宗等。

· UVB防晒剂有对氨基苯甲酸、肉桂酸酯、水杨酸酯等。

· 能吸收UVA和UVB的成分有二苯酮、邻氨基苯甲酸甲酯等。

· 有机防晒剂能吸收光子的能量，并转换成无害的能量，同时释放热量。

· 优点：透明、无色，不会泛白，所以使用时肤感很好。

· 缺点：容易被水洗掉，可能引起过敏反应（对氨基苯甲酸），易光解（阿伏苯宗、对氨基苯甲酸、甲氧基肉桂酸乙基己酯、帕地马酯）。

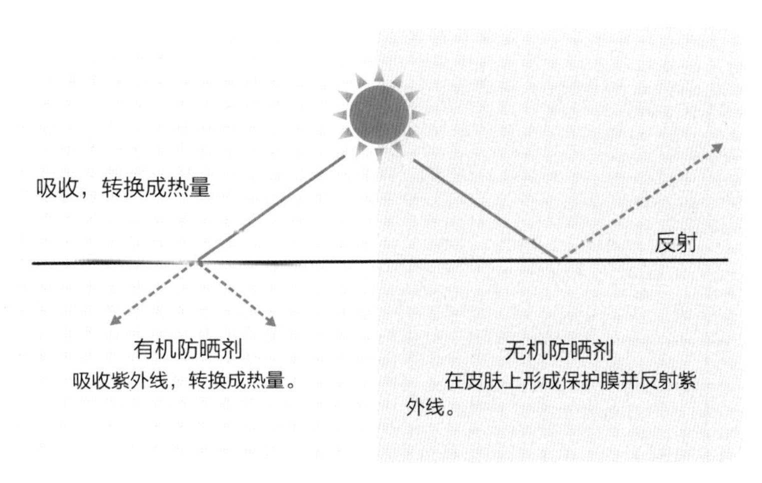

有机防晒剂和无机防晒剂的防紫外线原理

会导致环境污染的防晒成分

二苯酮–3、奥克立林（octocrylene）、甲氧基肉桂酸乙基己酯、水杨酸乙基己酯（ethylhexyl salicylate）等成分会扰乱海洋生态系统或把珊瑚礁漂成白色，美国的夏威夷州已禁止销售含有这些成分的防晒霜。

丁基甲氧基二苯甲酰基甲烷（butyl methoxydibenzoy–lmethane）：即阿伏苯宗，遇到氯后会生成致癌物质，但对此尚存在争议。

苯基二苯并咪唑四磺酸酯二钠（disodium phenyl dibenzimidazole tetrasulfonate）：有荧光（放出紫外线的过程中）问题。

二乙氨基羟苯甲酰基苯甲酸己酯（diethylamino hydroxybenzoyl hexyl benzoate）：与含氯洗涤剂反应后会变成红色，导致污染。

没有污染的珊瑚礁

被污染的珊瑚礁

03

了解SPF

（1）SPF是什么意思?

SPF是sun protection factor的缩写，意为防晒系数，可以用来表示防晒产品避免日晒红斑出现的能力。SPF主要表示对UVB的防护能力，对UVA的防护能力通常用PA[①]表示。

那么，SPF是怎么测出来的呢？要弄明白这个问题，就要先了解最小红斑量（minimum erythema dose，MED）的概念。最小红斑量是指用UVB照射皮肤后，照射部位显露肉眼可见的红斑所需的最小紫外线剂量，紫外线剂量=辐射强度×照射时间。例如：没有涂防晒霜时，皮肤上出现红斑时UVB的照射总量为150，涂抹某款防晒霜之后，皮肤上出现红斑时UVB的照射总量为2250，那么这款防晒霜的SPF值就等于15（2250除以150）。

---

① PA是protection grade of UVA（UVA防护等级）的缩写，是日本制定的标准，用“+”表示对UVA的防护能力。

$$SPF=\frac{\text{涂抹产品的皮肤的最小红斑量（时间）}}{\text{没有涂抹产品的皮肤的最小红斑量（时间）}}$$

（2）使用了相同SPF的产品，防护时间会不一样吗?

用SPF值可以算出在不晒伤皮肤的情况下能晒多长时间的太阳。如果按平均最小红斑量为37MJ/cm^2 计算，涂了SPF15的产品之后，皮肤能接受的最大紫外线剂量是37MJ/cm^2 × 15 = 555MJ/cm^2。当紫外线强度为370MJ/cm^2·h时，皮肤能接受1小时30分钟（555 ÷ 370=1.5）的照射而不被晒伤。但是，皮肤嫩且敏感的人，平均最小红斑量会更低，需要使用防晒指数更高的产品。可见，SPF值表示防晒产品能保护皮肤不被日光灼伤的时间长短，即SPF值越大，对日光灼伤的防护效果持续时间越长。

不同人种的平均最小红斑量是不一样的，也就是说在没有涂抹任何产品的情况下，皮肤上出现日晒红斑的时间会有差异：白色人种平均是15分钟，黄色人种平均是20分钟，黑色人种平均是25分钟。因此，不同人种的人使用SPF20的产品后，皮肤能抵抗紫外线的时长也不一样：白色人种是300分钟（20 × 15=300），黄色人种是400分钟（20 × 20=400），黑色人种是500分钟（20 × 25=500）。所以，计算SPF对应的防晒时间时，应该考虑人种的差异。例如：SPF30的产品，如果是中国人使用，会有大约600分钟（30 × 20=600）的防紫外线效果，但欧洲人使用的话有效时间就会缩短。市面上销售的SPF30产品，对东方人来说一般有10小时左右的防晒效果。

除此之外，在皮肤出汗、环境中的紫外线非常强烈等情况下，防晒效果的持续时间也会有变化。由此可见，相同SPF值的产品在不同情况下也可能有不同的防晒效果。因此，在使用防晒霜时，应该综合考虑皮肤类型、日光环境等因素。

黑色人种比白色人种有更多黑色素细胞吗?

令人惊讶的是，黑色素细胞的数目与人种无关。不管是黑色人种还是白色人种，黑色素细胞的数目都大致相同。那么到底是什么原因造成了不同人种之间肤色的差异呢？是黑色素的种类、数目和大小。也就是说，所有人生来制造黑色素的工厂数量都大致相同，但工厂的生产效率不同，生产的色素种类也不同。黑色素可以分为真黑素（eumelanin）和褐黑素（pheomelanin），真黑素呈褐色或黑色，褐黑素呈红色或黄色。黑色人种带着更多的真黑素出生。

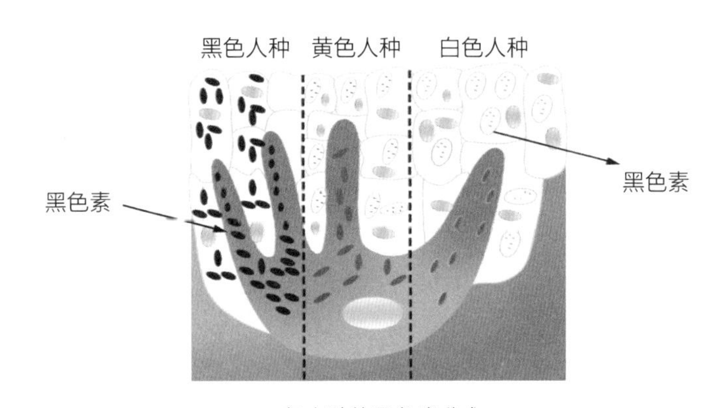

各人种的黑色素分布

各人种的防晒效果持续时间比较

SPF	防晒效果持续时间			紫外线阻挡率（%）
	白色人种	黄色人种	黑色人种	
2	30分钟	40分钟	50分钟	5%
4	1小时	1小时20分	1小时40分	70%~80%
6	1小时30分	2小时	2小时30分	
8	2小时	2小时40分	3小时20分	90%~95%
10	2小时30分	3小时20分	4小时10分	
15	3小时45分	5小时	6小时15分	95%以上

（3）SPF值和防晒效果的关系

SPF与紫外线防护能力并不是按比例增加的。SPF30的产品可以阻挡96.7%的紫外线，而SPF达到60时可以阻挡98.3%的紫外线。高SPF产品对皮肤的伤害更大，防紫外线效果的提升却很有限，所以SPF不是越高越好。SPF50以上的产品不属于普通化妆品，产生副作用的可能性较大。因此，应该根据实际情况选择SPF适当的产品。

为什么没有SPF50以上的产品？

当SPF超过一定数值之后，随着SPF的上升，紫外线阻隔率的变化微乎其微。因此，美国和澳大利亚等国家将SPF值上限定为30。美国食品药品监督管理局认为，SPF30的产品在维持一定安全性的同时，又有足够的防晒效果。中国和韩国将SPF值上限定为50，超过SPF50的标注为SPF50+。

SPF30的产品的防晒效果是SPF15的产品的两倍吗?

防晒效果可以从“阻隔的紫外线量”和“到达皮肤的紫外线量”两个角度来衡量。从“阻隔的紫外线量”来看，SPF15和SPF30的产品的防晒效果分别为93.3%和96.7%，因此不能认为SPF30的产品的防晒效果是SPF15的产品的两倍。

相反，如果从“到达皮肤的紫外线量”来看，使用SPF30的产品，到达皮肤的紫外线量是3.3%，比SPF15的产品的6.7%减少了大约一半。从这个角度看，也可以认为SPF30的产品的防晒效果是SPF15的产品的两倍。

SPF值与UVB吸收率的关系

SPF值	UVB吸收率（%）
2	50
4	75
8	87.5
15	93.3
20	95
30	96.7
45	97.8
50	98

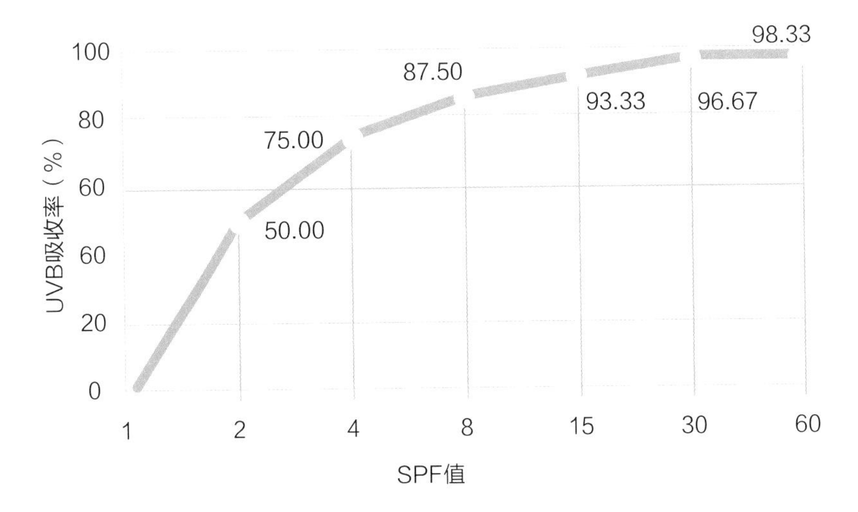
UVB吸收率（%）
100
80
60
60
20
0
98.33
87.50
93.33
96.67
75.00
50.00
1
2
4
8
15
30
60
SPF值

第三章

防晒霜的类型及使用

防晒霜的类型

（1）防晒霜的剂型

即使是治疗简单的挫伤，医生也会考虑是选择涂药膏还是用喷雾剂，或者打针吃药等。同理，防晒霜的剂型也很重要。选择时要考虑皮肤类型、敏感性、色调等因素。如果是患有严重皮肤病或正在抗癌的患者，则需要更加仔细地挑选防晒霜。季节、活动的时间段以及环境不同，紫外线的强度就不同，防晒霜的选择也会有所不同。

水包油和油包水

我们通常把不能融合的关系称为“水和油的关系”，防晒霜正是用乳化剂把这两种物质混在一起制成的。往水（水相）里兑油（油相）就叫“水包油型”（oil in water，O/W），往油里兑水就叫“油包水型”（water in oil，W/O），往柔和的硅油里兑水就是“硅包水型”（water in silicone oil，W/S）。这种乳化型产品涂抹在皮肤上之后，随着水分蒸发，防晒霜能均匀地贴在皮肤上，从而对抗紫外线。

· 油剂型

将有机防晒剂添加到油中可以增强防UVB的效果，橄榄油就是典型的例子。最近，市面上出现了搭配多种油、效果好、使用感舒适的产品。防晒油的优点是黏性高，不会因汗水或灰尘等脱落。

· 乳化型（霜、乳液）

这是防晒化妆品中最常见的剂型。霜型具有不油腻、清爽、不易被汗或水冲掉的优点。乳液型比霜型油分少，肤感柔软水润，适合皮脂多的油性皮肤。因其质感轻薄，所以也很合适不熟悉化妆品的男性。如果觉得防晒霜被汗水冲掉了，应该先用纸巾轻轻按压擦拭，再补涂。

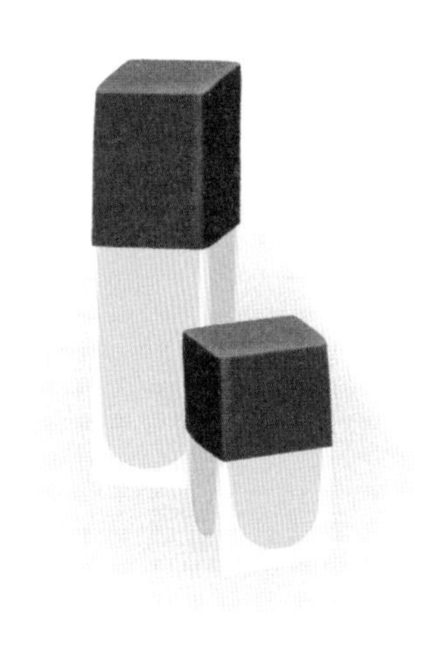

· 粉底型

粉底型又分为粉底液、粉底霜和固体粉底三种。这类产品本身含有防晒效果卓越的无机防晒剂，虽然可能有泛白问题，但在此基础上再搭配有机防晒剂，就可以同时防UVA和UVB。此外，即便是没有防晒功能的粉底，其中的色素成分也有SPF4～5的防晒能力。

为了提高防晒效果，可以用棒型产品补涂。化妆后，用其他防晒产品补涂都很不方便，但棒型产品可以在狭小的面积上涂抹，因此即使有点花妆或脱妆也没什么问题。防晒棒用来涂嘴唇、眼角或耳朵等部位很方便。棒型产品的基础成分是密闭性较高的蜡，因此最好用在干燥的眼周或嘴边。棒型产品的最大优点是便于随时补涂。

质感水润，涂抹时不用沾手，直接用刷子涂抹。此外，市面上还有结合了补水、抗衰、美白、化妆等功能的多功能刷型产品在销售。

喷雾型产品可以将防晒成分分散成小液滴，便于皮肤吸收。喷雾的优点是可以快速大面积涂抹，很适合在夏季使用，运动或开车时使用会很方便，不喜欢防晒产品沾在手上的人也会觉得很好用。但是，如果直接将喷雾对着脸喷会有吸入的危险，因此，最好喷洒适量于手掌上，像涂抹爽肤水一样轻拍在脸上。如果觉得手脏，就要在距离面部20厘米左右的地方喷。喷雾的缺点是附着力差，容易被擦掉。因为喷洒过程中有一些成分会挥发掉，被皮肤吸收的量有限，所以喷雾最好与含有防晒功能的隔离霜、面霜、粉底、粉饼、散粉等产品搭配使用。

这类产品使用时需用海绵沾上防晒霜再涂抹。很多人不愿意补涂防晒霜的最大原因是怕防晒霜沾在手上不方便，而海绵型产品使用时无须沾手，

外出时使用也很方便。

· 散粉型

这类产品最大的优势是不会让妆容变厚重。例如，如果用粉饼补涂，皮脂和粉饼的成分混合在一起，妆容可能会变厚重。虽然散粉型产品与喷雾型产品都深受消费者喜爱，但它们的防晒效果都不如霜型产品。

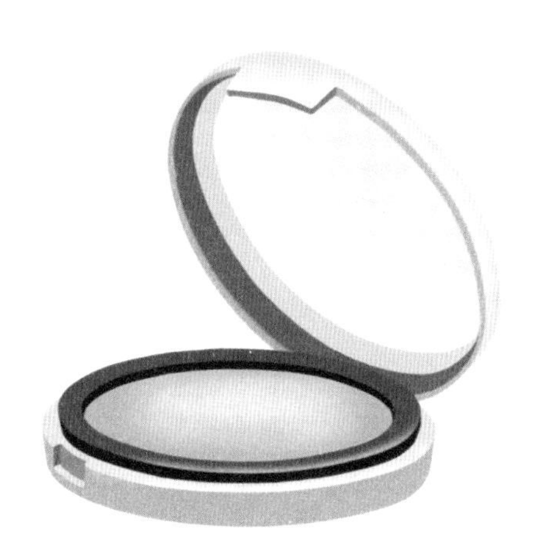

· 防晒膏

防晒膏需要用粉扑涂抹。其优点是无须沾手，方便补涂。除了防晒，防晒膏还有妆前乳的作用，可以遮盖毛孔，在皮肤上形成天鹅绒一般的薄膜。防晒膏有白色、蓝色、淡紫色、粉色等类型，应选择跟自己使用的隔离霜相近的颜色。防

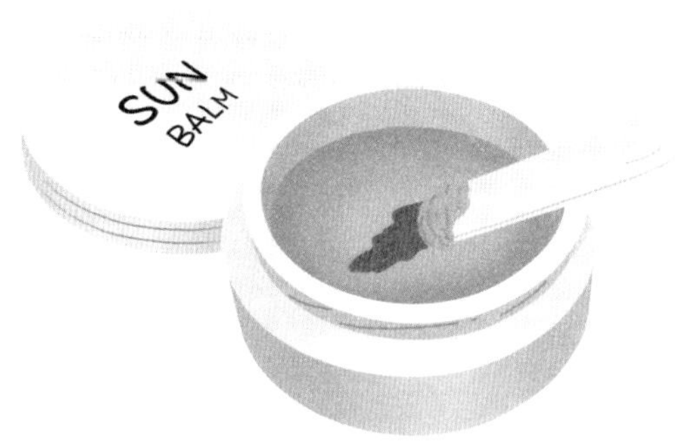

晒膏遮瑕力很低，没有什么瑕疵的皮肤可以只用防晒膏化底妆，否则请在涂抹防晒膏之后继续使用散粉或粉底。

如果化妆后用防晒膏补涂，容易出现结块现象，因为防晒膏的质地比散粉厚重。因此，在已化妆的状态下涂抹防晒膏时，最好用卸妆湿巾擦拭后再使用。由于剂型的特性，在重复涂抹时，粉扑上的灰尘容易沾在皮肤上。防晒膏能干爽地覆盖皮肤，干性皮肤会觉得干，但油性皮肤会觉得比较合适。防晒产品要涂抹到一定厚度才有效果，防晒膏通常会涂得比较薄，需要多次补涂。

· 防晒粉饼

防晒粉饼是彩妆和防晒功能相结合的产品。到了下午，用霜型产品补涂经常会出现结块现象，很不方便，但防晒粉饼非常适合在化妆后补涂。而且，防晒粉饼还有修正肤色的效果。防晒粉饼吸附力强，持妆时间长，不易被汗水冲掉，在皮脂分泌较多的夏季使用也很合适。

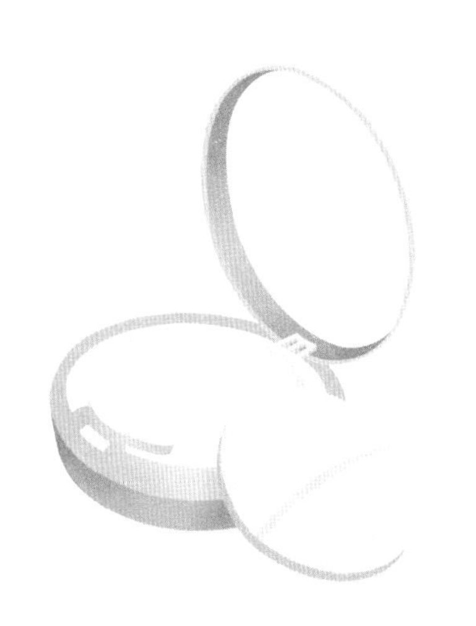

防晒粉饼的遮瑕力因产品不同而有差异。在夏季用防晒粉饼代替防晒霜需要更频繁地补涂，因为防晒粉饼要薄涂才不会结块。大部分

防晒粉饼持久力较高，补妆前可以不使用吸油纸。但是，由于只能薄薄地涂抹，很难起到充分的防晒效果。户外活动频繁时，先涂抹防晒霜，然后再用防晒粉饼涂一层，就可以有效防晒。

要点提示

防晒霜各剂型的优点和缺点

· 霜型：吸收力和使用感好，持久力也强，防晒系数高。

· 乳液型：虽然吸收力、贴合感较好，但因为通常涂得比霜型产品薄，所以实际使用时防晒能力会显得弱一些。

· 油剂型：虽然持久力强，但使用感偏油腻；具有耐水性。

· 防晒膏或棒型：可以重点涂抹小的部位。

· 喷雾型：在涂抹过程中挥发的量较多，被皮肤吸收的量有限，只能发挥比标注的SPF低的功效。需要经常补涂，常用于改妆。

· 散粉型：适合用霜型产品打底后，每隔1小时补涂。

根据皮肤类型和使用部位选择剂型

· 乳液、霜：最常见的剂型，分为油包水型和水包油型。

· 凝胶：容易被汗或水冲掉，适合痘痘肌或出油多的皮肤使用，可用于有毛发的部位（比如头皮）。

· 棒：用于局部（比如嘴唇、眼周、鼻子等）。

· 喷雾：虽然使用方便，但容易涂抹不充分，且不能均匀涂抹。

（2）防汗防水的防晒霜

看到防晒霜的包装上写着waterproof，有人就会误认为产品是防水的，其实这只代表产品有一定的耐水性。那么，涂抹了这样的产品后，在海边玩一整天也很安全吗？并不是那样的。它的耐水性是有限度的。不同国家对耐水性的标注规定有所不同，选择产品时应心中有数。

2005年，欧洲化妆品、盥洗用品和香水协会（COLIPA）首次提出了测定防晒霜耐水性（water resistance）的标准。具体操作是：在志愿者后背按2mg/cm^{2}的用量涂抹防晒霜，晾15～30分钟后，测定SPF值。然后将涂抹了防晒霜的部位在水里浸泡20分钟，离水后不使用毛巾擦干，等待15分钟。重复浸水及晾干的过程，然后再次测定SPF值。如果第二次测定的SPF值能达到浸水前的50%以上，就视为water resistant（耐水）。在同一条件下，实施四次浸水20分钟的实验（共浸水80分钟）后，如果SPF值能达到浸水前的50%以上，就可以称extra water resistant（超耐水）。

美国的情况如何呢？美国的相关机构也用相同的标准测定防晒霜

的防水能力，但对标注方法的规定不同。欧洲使用浸水之前的SPF值，但美国使用浸水后的数值。美国的标注分为water resistant（耐水）和very water resistant（超强耐水）。美国之前使用waterproof来表示very water resistant，但FDA后来的新规定不允许再使用waterproof标记。

韩国的食品医药品安全厅（KFDA）将防水防晒产品分为耐水产品和防水产品。重复浸水20分钟、自然晾干20分钟（不使用毛巾）的过程两次后测定的SPF值，如果能达到原来数值的50%以上就可标记为“耐水”（water resistance）。在重复浸水20分钟、自然晾干20分钟的过程四次后测定防晒指数，如果能达到原来防晒指数的50%以上就可标记为“防水”（waterproof）。Water resistant 40的意思是涂抹产品后在水中待40分钟也能保持防晒效果。

防水产品的成分组成

一般的化妆品是水分包围油分的“水包油型”，所以能被皮肤迅速吸收。防水化妆品则是“油包水型”，会在皮肤表面形成一层油膜，不易被汗和水冲走。防水化妆品中使用的油种类较多，大体上可以分为硅油和普通油两大类。硅油主要用在使用感较轻薄的产品上。

使用防水产品，这一点一定要注意！

对油性成分过敏的人使用防水产品后可能会过敏，如果过敏了，最好换成其他类型的产品。长粉刺的油性皮肤人群使用防水产品后粉刺可能会暂时恶化，需要注意。如果使用了防水产品，又没有彻底清洁，皮肤上残留的产品可能会堵塞毛孔，引发粉刺。但是，这不是防水产品的特性，普通化妆品也是一样。选择能彻底清除油性成分的洁面产品很重要。近来，为了提高妆容持久力、不浮妆，很多彩妆产品中都添加了硅油，如果使用了这样的产品，最好选择能清除硅油的洁面产品。

（3）多功能防晒霜

随着市场的发展，各式各样的防晒产品纷纷涌现。一些新上市的产品不仅有隔离功能，还能让妆容更服帖，同时又能给皮肤补充水分和营养。各大化妆品公司纷纷推陈出新，推出各种可以替代现有产品的霜型或乳液型产品，以及可以随时在彩妆上补涂的防晒散粉、防晒喷雾、防晒棒等产品。

紫外线会刺激活性氧生成，导致DNA变性。因此，添加了丰富的活性氧清除剂（抗氧化剂）的防晒产品最好。UVB更能刺激活性氧的生成，因此，与UVA相比，UVB会消耗更多抗氧化剂。

为了保持皮肤的光滑水润，有些产品中添加了透明质酸等保湿成分。为了对抗冬季的干燥，化妆品厂家还开发了含有高浓度皮肤屏障成分（神经酰胺、胆固醇、脂肪酸）的防晒产品。这些产品不仅有防晒效果，还有保湿效果，对干燥敏感的肌肤很友好。

除此之外，还有的防晒产品强调彩妆功能。其特点是贴合性和持久性高，含有散射光线的成分，可遮盖皱纹，有助于打造清爽、自然的肌肤质感。

防晒成分的三种命名法

①国际化妆品原料命名（international nomenclature of cosmetic ingredients，INCI）：化妆品成分的国际标准名称。

②美国药品通用名称（United States adopted name，USAN）：美国的命名标准。

③商品名称

示例：

INCI：丁基甲氧基二苯甲酰基甲烷（butyl methoxy dibenzoylmethane）。

USAN：阿伏苯宗（avobenzone）。

商品名称：帕索1789（Parsol 1789）。

彩妆产品的光防护

· 粉底中如果含有有机防晒剂或无机防晒剂，则能起到光防护作用。

· 在防晒霜上涂散粉，可增强光防护功能。

· 口红有出色的光防护能力。

· 眼影中也含有多种光防护成分。

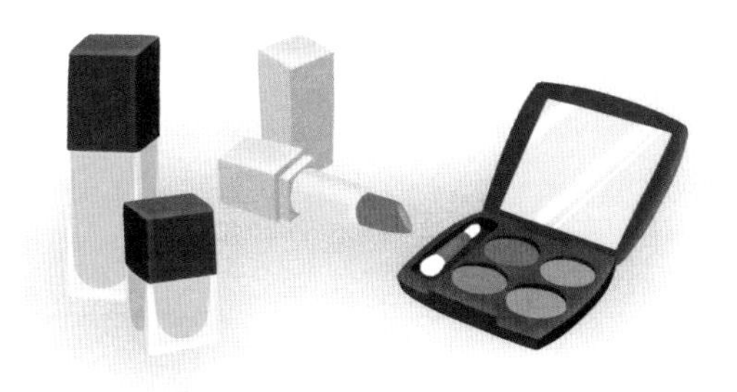

眼影中的光防护成分

· 氧化铁(iron oxide)
· 洋红(carmine)
· 云母(mica)
· 锰紫(manganese violet)
· 铜(copper)、铝(aluminum)
· 银粉(silver powder)

· 二氧化钛(titanium oxide)
· 铁蓝(iron blue)
· 氯氧化铋(bismuth oxychloride)
· 氧化铬(chrome oxide)
· 水合物(hydrate)
· 群青(ultramarine blue)

纳米化妆品的安全性

最近，随处可见宣传纳米技术的化妆品广告。与此同时，消费者也常常听到纳米化妆品中的纳米物质会被皮肤吸收，有害物质会随着血液输送到全身各个角落的“纳米怪谈”。1纳米（nm）等于$1/10^9$m，相当于一根头发粗细的1/80,000左右。防晒剂颗粒达到纳米级时，对可见光的反射降到最低，同时防紫外线效果可以保持不变。1999年，美国食品药品监督管理局批准纳米级防晒霜上市，随之而来的是两个安全性方面的问题：一是皮肤对纳米级成分的吸收，二是毒性问题。

1997年，科研人员利用纳米物质（氧化锌和二氧化钛）和紫外线处理DNA，结果生成了羟自由基（hydroxyl radical）。羟自由基会损伤DNA。单从实验结果来看，纳米物质确实会对DNA造成影响，但这只是实验室的结果。实际上，纳米化妆品对人体没有产生同样的副作用。各种研究结果显示，纳米物质被吸收至真皮层时会产生副作用，但正常情况下纳米物质是不能通过角质层的。因此，纳米防晒霜大体是安全的。但是，如果因日光灼伤等原因导致皮肤受损或长时间暴露在紫外线下，在表皮层受损的情况下，纳米物质有可能到达真皮层，一定要注意这种情况。

02

防晒霜的涂抹方法

涂防晒霜时要仔细，就像要给皮肤盖上一层膜一样。一定不要忘记经常暴露在阳光下的脖子、胳膊、腿等部位。涂抹脸部时，要沿着肌肤纹理轻柔均匀地涂抹，T区和突出部位（比如颧骨、鼻梁、额头）要优先拍打涂抹。

若阳光强烈，仅仅涂抹防晒霜无法放心时，最好搭配墨镜、帽子、遮阳伞、长袖衣服等进行物理防护。

（1）什么时候涂抹?

很多人只在阳光强烈的日子才涂防晒霜。但是，紫外线全年无休，不分季节和天气。光老化的罪魁祸首UVA在阴天也存在，还能穿透玻璃。因此，要养成每天早晨涂防晒霜的习惯，甚至不外出的时候也要涂。阴天也要涂抹SPF15以上的防晒霜。

· 应提前多长时间涂抹

无机防晒霜只要在外出前涂上，就可以充分发挥作用。但是，有机防晒成分需要皮肤吸收后才能发挥作用，而吸收需要15～30分钟时间，因此需要提前30分钟涂抹。在防晒霜尚未均匀吸附在皮肤上的时候暴露在紫外线下，皮肤可能会晒得斑驳，而且没有完全吸附的成分也容易被水冲走。因此，如果要去玩水，最好提前1小时涂抹。

· 最好在基础护肤步骤结束之后涂抹

实验显示，在涂抹基础护肤产品（面霜或乳液）之后涂抹防晒霜，比洗脸后立即涂抹防晒霜的防护效果更好。

使用防晒霜的小贴士

· 根据身体部位选择合适剂型的防晒霜。

· 在脸部、脖子、上身、手部使用有防晒功能的保湿剂。

· 嘴唇也要防晒。请使用有防晒功能的润唇膏或口红。

· 皮脂多的男性建议使用清爽型的防晒霜。

· 在手上少量涂抹（约为标准量的1/4），脸部、脖子和耳朵按标准用量涂抹。

· 除了脸部，脖子（包括背面）、耳朵（包括背面）、前胸也应经常使用防晒霜。

（2）每天该涂抹几次?

在室内活动时，早上涂抹一次，下午补涂一次就可以了。如果要去户外活动或者去容易沾水的环境，则应每隔2～3小时补涂一次。

得益于光稳定剂的开发、阿伏苯宗和苹果酸二乙基己酯2·6的复合技术、环烷酸锌和二苯酮-3等防晒剂综合技术等，防晒剂的稳定性得到了提升。另外，因为抗氧化剂等防晒功能补充剂的添加，无机防晒剂含量的增加，以及产品耐水性的提升，最近上市的防晒产品的半衰期延长了很多。在实验室条件下，很多产品的防晒效果可以稳定保持8～15个小时。如果只看这些数据，一天只涂一次防晒霜就足矣，不需要补涂。但是实际上，大部分人在脸上涂的防晒霜的量只有建议量的四分之一。因为涂抹量不足，所以防晒效果也大打折扣。例如，SPF20的产品如果按建议量的四分之一涂抹，防晒效果就只有1个小时左右；如果再加上因为汗水、风以及手的动作而损失的量，防晒效果持续时间就会少于1个小时。在紫外线很强的10点到14点之间，如果按平时的习惯涂抹SPF20的产品后就信心十足地暴露在紫外线下，很可能不到30分钟就会被日光灼伤。因此，考虑到实际使用量达不到建议量和涂抹后会有损失等情况，还是每隔2～3个小时补涂一次比较安全。

（3）应该涂多少?

为了达到产品标注的SPF值的效果，必须按2mg/cm^{2}的标准用量涂抹。东方男性的平均脸部大小为419cm^2，需要涂抹838mg，即0.838g。女性的脸部比男性小，平均为371cm^2，需要涂抹742mg，即

0.742g。理论上是这样，但在实际生活中我们不可能每次都用秤称好产品再涂。日常涂抹时，可以参考下面的“茶匙法则”。

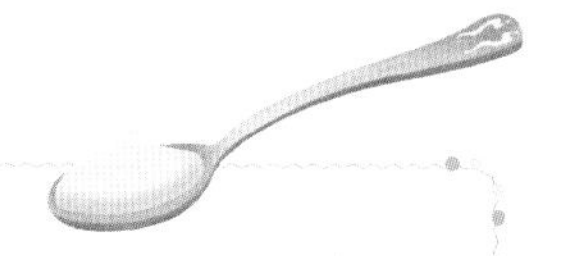

茶匙法则

· 脸部、脖子、胳膊（左胳膊、右胳膊）：各涂抹半茶匙以上的量（1茶匙约为6ml）。

· 只涂抹脸部时，可以用食指来衡量用量（如图所示）。将一节食指以上的量分成2～3次，轻轻拍打着涂抹。

· 躯干（前胸、后背）、腿（左腿、右腿）：各涂抹1茶匙以上的量。

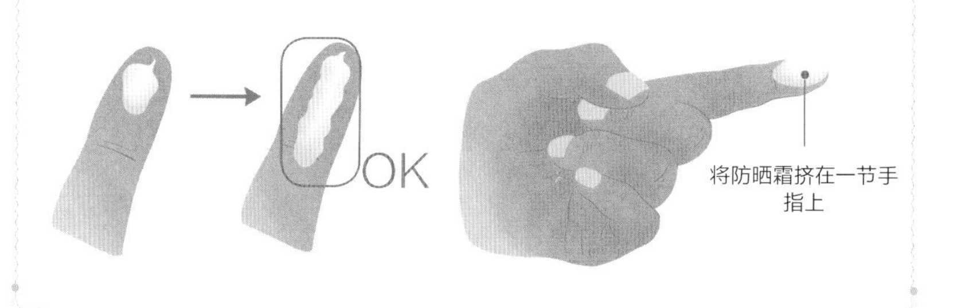

一次性涂够建议量并不是件容易的事情，可以分2～3次涂抹。涂的时候轻轻拍打，会比揉搓涂得更均匀。如果薄薄地多涂几层，就能在不感觉到油腻的情况下涂抹足够的量。因此，将总用量分成若干部分，用指尖轻轻拍打在每个部位，薄薄涂抹几层就可以了。上眼皮、发际线、耳朵、脖子、胸部等部位是容易遗漏的部位，这些部位也要仔细涂抹。

无机防晒霜和有机防晒霜的涂抹量

因为容易泛白，所以无机防晒霜的涂抹量往往少于建议量。一项调查显示，无机防晒霜的平均用量为0.94mg/cm^2，远低于有机防晒霜的平均用量1.48mg/cm^2。而100%的有机防晒霜使用后虽然没有泛白现象，但可能会导致眼睛酸痛。现在，市面上也出现了几乎不会泛白的无机防晒霜，购买前最好先试用一下。

防晒霜实际涂抹量与实际SPF值的变化

防晒霜SPF值	实际涂抹量对应的SPF值			
	2.0mg/cm^2	1.5mg/cm^2	1.0mg/cm^2	0.5mg/cm^2
2	2.0	1.7	1.4	1.2
4	4.0	2.8	2.0	1.4
8	8.0	4.8	2.8	1.7
15	15.0	7.6	3.9	2.0
30	30.0	12.8	5.5	2.3
50	50.0	18.8	7.1	2.7

身体各部位皮肤的面积

身体部位	皮肤面积（cm^2）			
	男性		女性	
	东方人	西方人	东方人	西方人
脸部	419	453	371	380
胳膊（小臂）	1121	1460	947	1067
手	924	1070	779	870
腿（小腿）	2187	2710	1943	2300
脚	1224	1380	1038	1210

（4）敏感性皮肤的人该如何使用防晒霜?

角质多或皮肤红肿，有皮疹、水疱，瘙痒症严重的敏感性皮肤人群可能会害怕涂防晒霜，但这种皮肤恰恰更容易因紫外线照射而形成色素沉着和皱纹。敏感性皮肤的人，最好使用没有刺激性成分的纯无机防晒霜，一定要避开含PABA的产品，所幸最近含PABA的产品几乎从市场上消失了。如果皮肤有炎症，则应使用可缓解炎症的祛痘产品镇定炎症后再涂抹防晒霜。

有一个镇定肌肤的小妙招：在涂过爽肤水之后，将冷藏的绿茶茶包敷在皮肤上30秒再进行后续护肤步骤。冷敷有镇定作用，有助于保护皮肤的健康。

（5）化妆时该怎么涂?

通常，防晒霜应在没有化妆的状态下涂抹。如果忘了涂防晒霜，最好是简单卸妆后再涂抹。先用化妆棉沾上乳液，轻轻擦拭妆容。然后在脸部均匀涂抹防晒霜，再用粉扑沾上散粉轻轻按压脸部，也可以用含有防晒成分的BB霜或粉饼。如果不想卸妆，最好每隔3小时用有防晒功能的散粉或粉饼补妆。长时间待在户外时，补涂的间隔时间应该缩短。

因运动而流汗时，几乎无法补妆，最好全部卸妆，涂抹防晒霜后再化妆。

防晒霜使用问答

问 如果使用标注了SPF值的粉底霜，可以不涂防晒霜吗?

答 皮肤科专家对此众说纷纭。如果想缩短化妆时间或觉得化妆步骤过于烦琐，使用这种产品会非常方便。想要达到粉底霜上标注的SPF值的效果，就要涂得很厚，但是粉底霜涂得那么厚并不是件容易的事情。因此，最好先涂防晒霜，再涂粉底霜。

问 如果同时涂抹SPF20的防晒霜和SPF10的隔离霜，能达到SPF30的效果吗?

答 一般来说，这样的组合最终的防晒效果以较高的SPF为准，也就是会达到SPF20左右的效果。虽然达到20+10=30的效果是不可能的，但也有人主张，涂抹防晒霜之后，再涂抹有防晒成分的粉底霜、粉饼或散粉，在一定程度上可以提高防晒效果。皮肤科专家还是建议，要选择适合自己的防晒霜，并适当补涂。当然，搭配使用含有防晒成分的粉底霜，防晒效果可能会有一定程度的提升。

03

清洁和涂抹一样重要

紫外线会伤害皮肤，错误的清洁习惯也会伤害皮肤。因为使用防晒霜导致痘痘恶化的情况很多，这与清洁不彻底有很大关系。防晒霜的残留物会堵塞毛孔，有可能导致痘痘或过敏性接触性皮炎等皮肤问题。因此，防晒霜的清洁和涂抹一样重要。

(1)双重清洁的重要性

大部分的防晒霜属于脂溶性的，用清水无法洗净。因此，要用能够去除油分的洗面奶仔细地洗脸。因为每款产品的贴合力都不一样，所以有时需要使用防晒霜专用洁面产品。

耐水型的防晒霜用普通洗面奶是洗不干净的。含有氧化锌、二氧化钛等成分的无机防晒霜也有很强的防汗防水能力，用清洁力弱的洁面产品很难洗净。最好用专用洁面产品去除。如果没有专用洁面产品，最好先用卸妆膏或卸妆油去除毛孔里的残留物，完成第一次洁面后，再用洗面奶洗脸，进行双重清洁。将卸妆油倒在化妆棉上，轻轻擦拭脸部后，将蒸汽毛巾敷在脸部10～20秒左右以打开毛孔，接下来使用泡沫洗面奶洗脸即可。

（2）根据皮肤类型选择洁面产品

洗面奶也要根据自己的皮肤类型选择。干性皮肤在洁面的过程中，要注意避免清洁力过强的成分，否则在洁面以后，皮肤会变得更加干燥。油性皮肤或容易长痘痘的人在选择洁面产品时，要更加慎重，最好进行双重洁面。防晒霜中的某些油性成分如果残留在皮肤上可能会堵塞毛孔，导致痤疮丙酸杆菌（*Propionibacterium acnes*）增殖。也有人说香皂洗脸效果好，但香皂碱性过强，长期使用会损伤皮肤屏障，是打造敏感性皮肤的“捷径”。

· 干性皮肤

对皮肤干燥、严重紧绷的干性皮肤来说，洗面奶的选择非常重要。用碱性洗面奶洗脸后会有一种清爽的感觉，但会过度去除皮脂，使皮肤变得更加干燥、敏感。因此，干性皮肤选择富含脂肪酸的弱酸性（pH5.5以下）洁面产品比较好。洗脸后要补充保湿成分。

· 油性皮肤

防晒霜一般含有油性成分，有的油性成分会影响毛孔的皮脂分泌，引起痘痘等皮肤问题。所以，油性皮肤最好选择无油配方的产品。清洁防晒霜时，最好先使用卸妆膏清洁，再使用能去除皮脂的洗面奶洁面。

另外，被紫外线损伤的角质层可能会变厚。如果有角质增厚的情况，可以每周使用一次去角质凝胶去除角质。

使用防晒霜后的皮肤管理

· 清洁

使用防晒霜后，一定要做好清洁，避免防晒剂残留在皮肤上。大部分防晒产品不容易用水去除，因此要用卸妆膏和洗面奶进行双重清洁。因紫外线导致角质增多的皮肤应可以适当去角质或做深层清洁去除废物。

· 补水

紫外线可以让皮肤变干燥。如果皮肤太干燥，就容易变得暗沉，因此要保证皮肤有充足的水分。接受大量日光照射之后，可以敷镇静面膜或使用保湿产品，为皮肤补充水分。

· 抗氧化

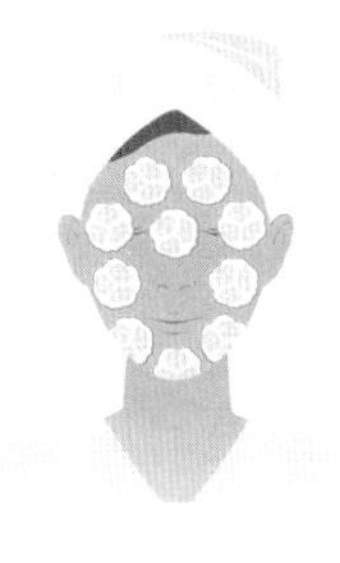

有色斑的人要多摄取一些富含维生素C等抗氧化成分的食品，平时要多吃水果和蔬菜，使用含有抗氧化成分的面膜。用黄瓜制作的天然面膜不仅效果好，而且价格低廉。

04

防晒霜绝对安全吗?

(1)防晒霜的副作用

防晒剂都是化学成分，可能有一定副作用。尤其要注意的是，孩子的皮肤比成人的更脆弱，给他们选择产品时，应该格外注重产品的安全性，选择刺激性低、使用感好的产品。

在防晒霜引起的副作用中，刺激症状最为常见。PABA、二苯酮-3等可能会引起过敏性接触性皮炎。此外，阿伏苯宗、帕地马酯等成分也有一定刺激性。想要找到对自己的皮肤有刺激性的成分，要做光斑贴试验、激发试验。此外，防晒霜还可能导致青春痘等美容问题，对激素水平的影响也存在争议。有报告显示，帕地马酯、甲氧基肉桂酸乙基己酯（ethylhexyl methoxycinnamate）会促进乳腺癌细胞株，即MC7细胞的增殖。另外，有研究结果显示，甲氧基肉桂酸乙基己酯和二苯酮-3会改变激素水平，增加老鼠子宫的重量。但是也有结果显示这些成分并不会改变激素水平。

（2）防晒霜的安全性

通过正常渠道流通的化妆品一般不会对普通消费者产生严重的副作用，可能会有局部异常反应，反应程度因个人皮肤特性而异。化妆品的原料要经过毒理学试验，以证明其安全性，试验方法等将提交国家药品监督管理局备案。

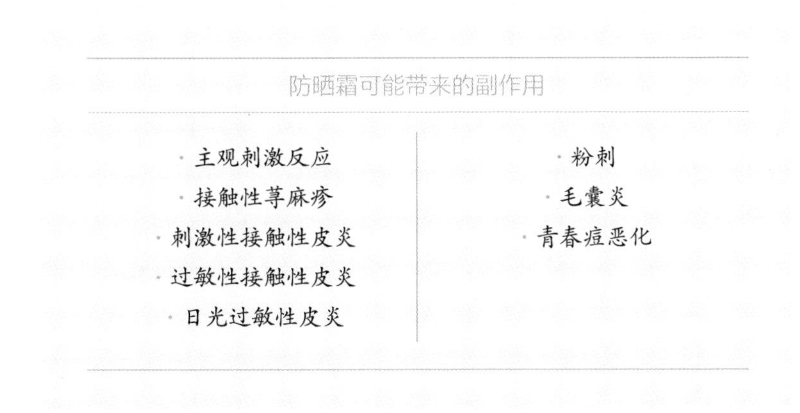

防晒霜可能带来的副作用

· 主观刺激反应	· 粉刺
· 接触性荨麻疹	· 毛囊炎
· 刺激性接触性皮炎	· 青春痘恶化
· 过敏性接触性皮炎	
· 日光过敏性皮炎	

对防晒剂光毒性和光敏性的判断方法：涂抹某种成分后，受试动物因紫外线照射出现皮肤肿胀或起水泡，就认定为有光毒性（phototoxicity）。如果过了1～2周后出现症状，则可能是光敏性（photosensitivity）成分。使用防晒产品后，如果面部出现红肿或异常反应，就要怀疑里面的成分是否具有光毒性或光敏性。服用四环素类抗生素、抗真菌剂等药品时容易出现这种反应。光毒性反应并不是物质本身的异常反应，而是阳光下诱发的化学反应。

（3）出现副作用时，消费者该如何应对?

与药品相比，化妆品引起的人体反应通常比较轻微。多数不良反应是因为产品不适合使用者的皮肤或者使用者忽视了产品注意事项而出现的，只要停止使用就会消失。但是，大多数消费者在皮肤出现异常时，往往不会向制造商提出问题，而是更倾向于责怪自己的皮肤。即使皮肤出现斑点或者痘痘加重、皮肤脱色，也自认为是“特殊体质”而不了了之，制造商也无须因此承担任何责任。

化妆品制造商或进口商应遵守《化妆品监督管理条例》和《消费者权益保护法》。消费者因使用化妆品出现异常反应时，应提交关于化妆品异常反应的报告（使用者、化妆品、异常反应内容、过程及措施、参考意见、通报机构等）。如果消费者不积极应对，厂家就会赔偿了事，不去想办法提升产品的安全性。这就是消费者要积极投诉和反馈的理由。

化妆品原料安全性评价规定

化妆品的新原料，一般需进行下列毒理学试验：

（1）急性经口和急性经皮毒性试验；

（2）皮肤和急性眼刺激性/腐蚀性试验；

（3）皮肤变态反应试验；

（4）皮肤光毒性和光敏感试验（原料具有紫外线吸收特性需做该项试验）；

（5）致突变试验（至少应包括一项基因突变试验和一项染色体畸变试验）；

（6）亚慢性经口和经皮毒性试验；

（7）致畸试验；

（8）慢性毒性/致癌性结合试验；

（9）毒物代谢及动力学试验；

（10）根据原料的特性和用途，还可考虑其他必要的试验。

资料来源：《化妆品安全技术规范》

05

防晒霜的使用期限

常有人在使用了防晒霜后，因皮肤出现炎症而去皮肤科就诊，这些患者大多使用了开封一年以上的防晒霜。防晒霜的保质期一般是2～3年，但这是在未开封的情况下。产品一旦开封，就要在一年内用完。开封后，如果没有在干净、温度适宜的环境中保管，细菌就更容易繁殖，防晒霜就容易变质。如果涂完产品后感觉皮肤火辣辣的，就要立即擦掉。

· 开封一年以上的产品，要毫不犹豫地扔掉！

开封一年以上的防晒霜，防晒效果明显减弱。防晒霜常常在气温较高的环境中使用，而且一旦开封，产品就会接触空气，其中的成分会受到一定程度的破坏。如果产品呈现水油分离的状态或结块，就是变质了。因此，为了皮肤健康，开封一年多的产品还是果断扔掉吧！

第四章

不同人群的防晒指南

01

了解皮肤类型

如果在网上搜索“防晒霜”，网页上会出现大量的产品。随着市场的快速发展，各种防晒产品不断涌现，但是许多产品的功能难以准确评估。很多消费者盲目跟风，结果因乱用产品而引发过敏等皮肤问题，最终不得不“戒掉”防晒霜，这实在令人哭笑不得。所以，正确地挑选防晒霜非常重要。

在考虑各种功能之前，要先找到适合自己皮肤类型的防晒霜。如果使用一款防晒霜后，皮肤反复出现炎症或痘痘，就说明这款产品不适合自己的皮肤。如果皮肤容易过敏，最好先咨询皮肤科医生。皮肤科医生可以通过斑贴试验和光斑贴试验，给出符合皮肤特性的产品选择建议。不要觉得因化妆品的副作用去皮肤科太夸张了，防晒霜和化妆品都是天天要用，并且要用一辈子的东西。

理想防晒霜的条件

· 不含刺激性成分。（皮肤敏感的人如果使用有机防晒剂，有可能出现眼睛酸痛或长痘等问题。购买前要仔细检查成分表，确认是否含有不适合自己皮肤的成分。）

· 要能同时防UVA和UVB。（底妆产品只能作为防晒霜的辅助。）

· 防晒效果持久，防晒剂不易在阳光下分解。

· 有耐水性，不易被水或汗水冲掉。

· 肤感好，不会泛白和结块。（购买之前，可以涂在手背上确认质感。）

· 含有能清除活性氧的抗氧化剂。

选择防晒霜时，要重点考虑的并不是SPF值或PA指数，而是皮肤类型。曾有一位前来咨询的患者说，使用防晒霜后，她的粉刺变得更严重了，皮肤也更敏感了。这说明她选择的防晒霜不适合她的皮肤类型。皮肤油、容易长粉刺的人和皮肤干燥、敏感的人使用相同的防晒霜是否明智？答案是否定的。一定要弄清楚自己的皮肤类型，再去选择适合自己皮肤的防晒霜。尤其是敏感性皮肤的人，要先确认防晒霜的成分。建议仔细查看防晒产品包装或页面列出的所有成分，确认是否含有会引起皮肤刺激的PABA、二苯酮–3、阿伏苯宗等成分。

我们通常把皮肤类型分为油性、干性和混合性三大类，这是20世纪初期赫莲娜·鲁宾斯坦（Helena Rubinstein）提出的方法，但这并不是经过科学验证的分类方法。得到科学验证的分类法主要有两种：菲茨帕特里克皮肤分型（Fitzpatrick skin type）和褒曼皮肤分型（Baumann skin type）。

（1）菲茨帕特里克皮肤分型

这是1975年托马斯·B.菲茨帕特里克（Thomas B. Fitzpatrick）教授根据皮肤对紫外线的反应设定的分类标准，但该分类法对选择化妆品几乎没有帮助。菲茨帕特里克根据皮肤日晒后出现红斑和晒黑的程度将皮肤分为如下六种类型（春夏季，在没有采取任何防晒措施的情况下晒30～45分钟的太阳）：

- 类型Ⅰ：总是出现红斑，但不会晒黑。
- 类型Ⅱ：总是出现红斑，有时会晒黑。
- 类型Ⅲ：有时出现红斑，有时会晒黑。
- 类型Ⅳ：很少出现红斑，经常晒黑。
- 类型Ⅴ：从不出现红斑，经常晒黑。
- 类型Ⅵ：从不出现红斑，总会晒黑。

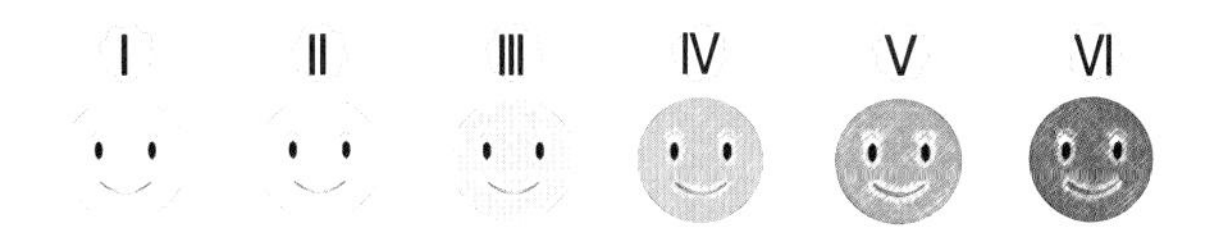

菲茨帕特里克设定的六种皮肤类型

皮肤类型	紫外线导致的肤色变化
Ⅰ	立即变红，但不变黑
Ⅱ	立即变红，稍微变黑
Ⅲ	变红后变黑
Ⅳ	稍微变红或立即变黑
Ⅴ	始终不变红，但一定变黑
Ⅵ	绝对不变红，但会变得很黑

（2）褒曼皮肤分型

褒曼皮肤分型是美国迈阿密大学的皮肤科教授莱斯利·褒曼（Leslie Baumann）提出的分型系统，于2012年被列入美国皮肤科学教科书。褒曼把皮肤按性质分为四大类，组合出16种皮肤类型，并设计了详细的调查问卷。完成问卷之后，根据得分就可以判断皮肤类型。褒曼皮肤分型可以为我们选择化妆品提供指导。

油性（oily）	干性（dry）
敏感性（sensitive）	耐受性（resistant）
色素沉着性（pigmented）	非色素沉着性（non-pigmented）
皱纹性（wrinkled）	紧致性（tight）

褒曼皮肤类型指标

	油性皮肤		干性皮肤		
	色素沉着性	非色素沉着性	色素沉着性	非色素沉着性	
皱纹性	OSPW	OSNW	DSPW	DSNW	敏感性
紧致性	OSPT	OSNT	DSPT	DSNT	
皱纹性	ORPW	ORNW	DRPW	DRNW	耐受性
紧致性	ORPT	ORNT	DRPT	DRNT	

四大类别各有两种情况，所以一共能得出$2 \times 2 \times 2 \times 2=16$种皮肤类型。例如：既干又敏感，既容易色素沉着又紧致的皮肤标注为DSPT；既油又有耐受性，不容易色素沉着但有皱纹的皮肤则标注为ORNW。另外，敏感性皮肤又包括粉刺型、红肿型、刺痛型、脂溢性皮炎型等类型。

因此，这个分类标准能让人根据皮肤状态判断使用何种成分和剂型的化妆品。

02

不同皮肤类型人群的防晒霜选择指南

选择防晒霜时，
应根据皮肤类型选择
防晒霜的成分及剂型。

(1)油性皮肤(Oily Skin)

整个面部常出油，而且皮肤纹理比较粗。

容易晕妆，常有粉刺等皮肤问题。

减少皮脂分泌很重要。

问题表现	解决方案
出油多 皮肤纹理粗 容易晕妆 常有粉刺等皮肤问题	控制皮脂分泌

防晒霜的选择和使用

防晒霜的选择

- 选择无油的产品。
- 选择没有致粉刺性的产品。
- 适合使用乳液型的产品。

提升防晒霜效果的方法

- 清洁多余的皮脂后再涂抹防晒霜。
- 用有调节皮脂功能的爽肤水或专门调节皮脂的产品护理皮肤。
- T区和颧骨部位要重点涂抹。

（2）干性皮肤（Dry Skin）

洗完脸后皮肤有紧绷感，嘴和眼睛周围皱纹特别多。

皮肤上角质较多，不易上妆。

要同时做好补水和防晒。

问题表现	解决方案
干燥 角质多	补水 防紫外线

防晒霜的选择和使用

防晒霜的选择

· 选择能同时补充油分和水分的产品。

· 选择能贴紧皮肤的霜型产品。

· 适合使用富含保湿成分的产品。

提升防晒霜效果的方法

· 先用爽肤水调理角质，再涂抹足量的保湿霜，然后使用防晒霜。

（3）敏感性皮肤（Sensitive Skin）

非常容易受刺激（比如过冷或过热的环境），所以需要细心护理。

因为皮肤屏障受损，所以紫外线更容易渗透，导致皮肤干燥，容易出现色素沉着。

问题表现	解决方案
容易受刺激 干燥 色素沉着	细心护理 镇定 增强皮肤屏障功能

防晒霜的选择和使用

防晒霜的选择

· 选择无刺激性的防晒成分。
· 选择不含PABA、阿伏苯宗的产品。

提升防晒霜效果的方法

· 在长粉刺的部位使用祛痘产品。
· 在舒缓炎症后使用防晒霜。
· 涂抹防晒霜之前，把绿茶包敷在皮肤上停留30秒，这么做有助于镇定皮肤。
· 使用霜型的无机防晒产品后，在T区涂抹有助于调节皮脂分泌的精华素，这样做效果更佳。

（4）耐受性皮肤（Resistant skin）

· 洗完脸后皮肤没有不适，一段时间之后皮肤仍然干净、有光泽。

· 不长粉刺。

皮肤状态	护理方案
有光泽 干净	保持皮肤状态

防晒霜的选择和使用

防晒霜的选择

· 日常可以选择SPF15～30的产品。

· 选择不黏腻的产品。

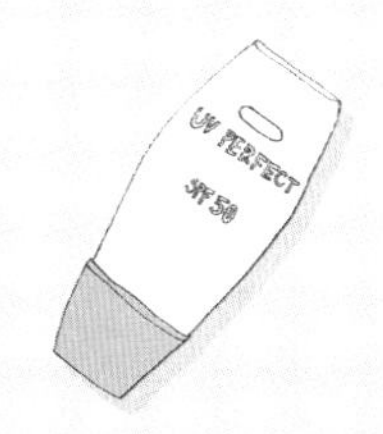

提升防晒霜效果的方法

· 从不易吸收的脸颊部位开始涂抹，之后依次涂抹下巴、额头等部位。

· 涂抹脸颊部位时，从鼻子向耳朵方向涂抹，额头和下巴处则从下往上涂抹。

（5）色素沉着性皮肤（Pigmented Type）

即使短时间晒太阳，皮肤也会晒黑。

被紫外线照射后，大约72个小时之后皮肤开始出现色素沉着。

问题表现	解决方案
色素沉着 角质变厚 干燥	美白、去除角质 补水、镇定 防紫外线

防晒霜的选择和使用

防晒霜的选择

· 使用SPF30以上的产品。

提升防晒霜效果的方法

· 化基础妆时，要仔细涂抹粉底霜。
· 最后涂上有防晒功能的散粉。

（6）皱纹性皮肤（Wrinkled Skin）

紫外线照射引起皮肤细胞损伤，影响细胞的代谢，从而导致老化。

UVA渗透到真皮层破坏细胞的DNA、胶原蛋白、弹性蛋白。

预防皮肤老化的最有效方法就是认真使用防晒霜。

问题表现	解决方案
光老化	预防最重要

防晒霜的选择和使用

防晒霜的选择

· 选择含有抗氧化成分的防晒霜。

提升防晒霜效果的方法

· 养成每天使用防晒霜的习惯，将光老化降到最低。

· 注意给皮肤充分补水。

03

儿童和老年人的防晒指南

任何人都要使用防晒霜，不分年龄和性别。相较于成年人，幼儿和儿童更容易受到紫外线的伤害，而他们能否受到足够的保护要看监护人是细心呵护孩子稚嫩的皮肤还是置之不理。所以，父母的防晒意识很重要。

（1）1—13岁儿童的必备防晒知识

“宝贝女儿，妈妈对不起你。”这是某护肤品广告中的一句话。幼儿期皮肤受的损伤就像烙印一样，在孩子长大成人后也不能完全消失。儿时皮肤受到的紫外线损伤，其影响可以持续到老年。因此，这个时期父母对孩子皮肤的护理非常关键。儿童的皮肤表皮薄，黑色素

少，大汗腺、皮脂腺活动少，比大人更容易受到紫外线的伤害。这一时期的皮肤损伤，可能会导致以后长黑斑、雀斑、老年斑等。而且，有研究表明，在幼儿和少儿时期遭受一次日光灼伤竟会导致成年后患皮肤癌的概率增加一倍。生活在紫外线很强的北美地区和大洋洲的人，18岁之前接受的紫外线照射量占到一生的三分之一，由紫外线引起的皮肤损伤有80%发生在这一时期。孩子对紫外线没有概念，不会自己做防护，所以父母要坚持给孩子做好防紫外线的教育和指导。

· 婴儿（1—2岁）：尽量少出门

虽然防晒霜可以从出生6个月以后开始使用，但给2岁之前的孩子使用时仍需慎重。在这一时期，最好不要给孩子涂防晒霜，外出时利用帽子或太阳伞、婴儿车的遮阳篷遮挡阳光，并给孩子穿上长袖衣服。

· 幼儿（3—7岁）：使用低刺激性防晒霜

幼儿的皮肤角质层比成人的薄，皮脂分泌量少，黑色素也少，所以容易被日光灼伤。超过24个月的幼儿外出时一定要涂抹防晒霜。请给孩子使用儿童专用或刺激性小的防晒霜。

使用防晒霜之前，最好先取少量涂抹在孩子的手腕内侧检查有无过敏反应。

虽然孩子稚嫩的皮肤更适合防晒指数低的产品，但对喜欢在阳光下奔跑玩耍的儿童来说，SPF30～50的产品最合适。另外，儿童容易出汗，防晒霜容易被擦掉，需要随时补涂。孩子长时间在户外玩耍时，需要涂抹防晒能力强且抗汗的防晒霜。

保护孩子少受紫外线伤害的方法

· 上午10点到下午2点是紫外线最强的时候，在这个时间段要尽量少出门。

· 给孩子戴上能充分遮阳的帽子，穿上长袖衣服和裤子，并涂抹防晒能力强的防晒产品。

· 要选择能同时阻挡UVA和UVB的太阳镜。

· 幼儿的眼睛对阳光很敏感。尤其是未满六个月的婴儿，最好避免直接接触阳光。

· 避免服用有光敏性或有光毒性的药物。

· 定期检查孩子的皮肤状况。

· 要注意反射光（比如水、沙子、雪、水泥地面等反射的阳光）。阴天也要涂抹防晒霜。

儿童防晒问答

答 防晒霜最好在出门前30分钟涂抹，这一点跟大人一样，脸、手、胳膊、脖子、腿、脚腕等部位都需要仔细涂抹。孩子通常有揉眼睛的习惯，所以眼睛周围不能涂。如果外出时间较长，最好每隔2～3小时补涂一次。出了汗也要补涂，这时应先用湿巾轻轻地擦掉水分后再涂抹。孩子的眼角膜比大人的更薄，虹膜的颜色更浅，需要更细心地保护。给幼儿选太阳镜时，防紫外线效果比款式和颜色更重要。最好选择确能同时隔离UVA和UVB的太阳镜。

问

答 应选择不会刺激皮肤、SPF15以上的产品。使用之前应先进行皮肤测试。PABA容易引起过敏反应，所以应选择不含PABA的产品。平时，幼儿用SPF15～25、PA++的防晒霜最合适。进行户外活动时，请使用SPF30以上、PA++以上的产品。购买产品时，请先确认刺激性成分（二苯酮-3、PABA等）的含量，选择无油、低刺激性的产品。如果孩子的皮肤是干性或中性的，就选霜型的；若是油性的，就选乳液型的；如果孩子流汗多，就选喷雾型的吧。

问 怎样给孩子涂防晒霜?

答 大部分家长给孩子涂防晒霜会涂得比较薄，但太薄的话没有效果。要足量涂抹，就像要给皮肤铺上一层膜似的。小孩的脸大约需要用三颗黄豆的量，重点涂抹容易晒到的突出部位，如额头、颧骨、鼻子等。回家以后，要将残留的防晒霜洗干净，因为防晒霜跟皮脂、灰尘等混合后会引发皮肤问题。儿童防晒霜比较容易清洗，一般用清水就可以洗掉，但有油分的防晒霜需要用专门的洁面产品洗掉。

儿童防晒霜检查重点

☑ 要避开含有PABA、阿伏苯宗的产品。这些有机防晒剂会刺激皮肤。

☑ 请选择含有二氧化钛等无机防晒剂的产品。无机防晒剂只反射紫外线而不吸收紫外线，所以刺激性小。

☑ 请避开含防腐剂的产品。对羟基苯甲酸酯（paraben）的安全性目前仍然存在争议，为了安全，最好避开。对羟基苯甲酸酯的替代品苯氧乙醇（phenoxyethanol）可能会刺激皮肤。

容易因紫外线照射引发疾病的人

除了儿童之外，如下人群也是防紫外线的重点群体。

· 曾经被日光灼伤的人，有黑斑、雀斑的人。

· 长时间待在户外的人。

· 曾经接受过皮肤癌治疗的人。

· 有黑色素瘤家族病史的人。

· 在高海拔地区度假的人（高度每提高300m，紫外线强度一般会增加4%～5%）。

· 在赤道附近生活或度假的人。

· 有日光过敏等特异性疾病的人。

· 服用特定药品的人，例如：粉刺抑制剂、四环素等抗生素、抗组胺药、含雌性激素的口服避孕药、萘普生钠等非甾体抗炎药、吩噻嗪、磺胺类药、三环类抗抑郁药、利尿剂、口服抗肥胖药等。

（2）老年人保持皮肤健康的方法

老化是从皮肤开始的。如果认为已经晚了而不采取任何措施，老化只会变得越来越严重。老化皮肤的真皮组织会变薄，皮肤细胞之间的结合变得松散，免疫力也会下降；胶原蛋白和弹性蛋白的量大大减少，还会出现变性；脸部皮肤的皮下脂肪减少，水分流失加剧，色素沉着也开始出现。老年人的主要苦恼是皱纹、老年斑、黑痣、黑眼圈、上眼睑松弛等，这些问题都与紫外线有关。脸、胳膊、手等经常晒到的部位除了皱纹之外，还会出现色素沉着及脱色、干燥、皮肤弹性减弱等变化。

那么，有什么上了年纪也能保持皮肤年轻健康的方法呢？下面介绍五条生活守则。

第一，防紫外线。提前涂好防晒霜再出门，不管什么季节、什么天气都要涂防晒霜。

第二，做好保湿。皮肤如果过于干燥，角质就更容易浮起。如果室内很干燥，可以使用加湿器增加湿度，每天喝八杯以上的水，给皮肤补水充足的水分。

第三，不要吸烟和饮酒。吸烟能降低血氧含量，刺激血管收缩，阻碍皮肤的水分和营养供应。吸烟还会妨碍真皮的再生，加速皱纹的出现。长期饮酒也会加速皮肤老化。

第四，要保证充足的休息和睡眠。

第五，适当补充维生素。维生素A和维生素C可以促进皮肤再生。维生素E与维生素C是抗氧化剂，有助于预防皮肤老化。做一些能促进维生素吸收的皮肤护理也不错。

解决老年人皮肤问题的医美方法

很多70岁以上的老人都有老年斑。老年斑的医学术语是“脂溢性角化病”。这是一种紫外线导致的老化现象，是黑色素过度沉淀在特定部位上形成的。如果老年斑突然增多增大，有可能是恶性肿瘤的征兆，需要及时就医。

一般来说，老年斑经激光治疗1～3次都能除掉。要根据老年斑的颜色、厚度、组织的差异选择激光类型。薄的老年斑适合用Q开关（Q-switch）激光。如果是已经变厚的老年斑，就要使用铒激光或二氧化碳激光将厚的部分削掉。

此外，还有各种除皱术可以促进皮肤再生。医疗美容行业的发展让爱美人士有了更多选择。

04

成年男性和女性的防晒指南

（1）女性应根据生活方式选择和使用防晒霜

女性应根据自己的生活方式和皮肤问题选择防晒霜。日常使用的防晒霜，选择质感轻薄的比较好。长时间在户外活动时，选择防晒持续能力强的产品比较好。有色斑的女性，选择有美白功能的产品效果会更佳。嘴唇、眼角、耳朵等敏感部位要多涂一次。做户外活动时要随身携带防晒产品，并每隔2小时在紫外线照射得多的部位补涂一次。

· 日常生活

如果玻璃窗没做防紫外线处理，即使是待在室内也会受到UVA的影响，所以在室内也要防范紫外线。在室内使用SPF20～30、PA++产品就可以。

开车时也要做好防紫外线工作。在车窗玻璃上贴上防紫外线贴膜，脖子和抓方向盘的胳膊也要涂抹防晒霜。防晒霜选择SPF30以上、PA+++的产品比较好。

夏天外出时一定要涂抹防晒霜，因为紫外线指数较高，所以要选择SPF30～50、PA+++的产品。

· 海边度假

夏天海边的紫外线格外强。因此，最好使用SPF50、PA+++并且耐水的产品。皮肤被水浸湿后，即使涂的是耐水防晒霜，也要每隔2～3个小时补涂一次。被水浸湿的皮肤，其紫外线透过率可达到平时的4倍，所以皮肤上的水分要及时擦干。即使待在雨伞或遮阳伞底下也要注意防晒，因为紫外线会从海面或沙滩反射过来。使用耐水产品后，最好用专用洁面产品清洗。

(2)男性比女性更应该讲究防晒

韩国的调查显示：男性的皮脂分泌比女性多，皮肤水分含量也仅有女性的1/3，所以男性的皮肤更容易出问题。进入40岁后，男性整个脸部的弹力开始减弱，50岁以后皱纹加深，皮肤开始明显下垂。有统计显示，最近10年间20～40岁男性的皮肤癌患者增加了5倍，跟紫外线有关的疾病也增加了很多。

韩国皮肤科学会针对与紫外线有关的皮肤癌、老年斑、黑斑三类皮肤疾病，分析了1995—2005年间到20家大学医院就诊的19,339名患者。皮肤癌患者从1995年的777名增到2005年的1712名，老年斑患者从2388名增到4621名，均增加了1倍左右。其中，20多岁和30多岁的患者也明显增加。20～39岁的皮肤癌患者从27名增到103名，增加了2.8倍；尤其是男性，从9名增到46名，增加了约4倍。

多数男性平时不使用爽肤水和乳液，因此皮肤会直接暴露在紫外线下。与女性相比，男性做户外运动的时间相对更多，暴露在紫外线下的机会就更多。男性皮肤的角质层比女性厚，皮脂和角质多的皮肤对紫外线的反应更迅速，所以更容易长斑。此外，男性因日常要刮胡子，皮肤更容易受损。因此，男性更要注意防晒。

第五章

生活中的防晒秘诀

01

不同季节的防晒指南

（1）春天：减少紫外线引起的皮肤损伤

韩国有句俗话："春天的阳光给儿媳妇，秋天的阳光给女儿。"春天的阳光虽然比夏天的紫外线指数低，但对皮肤来说却更"致命"。

经历过冬天，皮肤对紫外线的防御能力会降低，如果突然暴露在春天强烈的紫外线下，皮肤就更容易受损。这就是春天比夏天更要注意防晒的原因。尤其是阳光中的UVA，会渗透到皮肤深处，破坏弹性纤维并使其变形。因此，在春天如果接受了过多的阳光照射而不采取任何防晒措施，皮肤弹性就会减弱，容易长皱纹，黑色素的沉淀会增加，使色斑的颜色变得更深。

· 持续补水

长期被紫外线照射的皮肤会变得干燥，而干燥的皮肤更容易长皱纹。因此，给皮肤持续地补充水分是明智之举。放弃咖啡、绿茶等有利尿作用的饮料，每天喝八杯以上的水，并随时涂抹保湿霜，这样做对皮肤很有好处。

· 合理安排出行时间

上午10点到下午2点这段时间紫外线最强烈，在此期间要尽量避免户外活动，晴天外出时最好打遮阳伞。太阳镜、帽子等也是防紫外线的好帮手。帽子是遮挡照向脸部的紫外线的一等功臣。太阳镜要选择有防紫外线效果的产品。

紫外线引起的眼部疾病

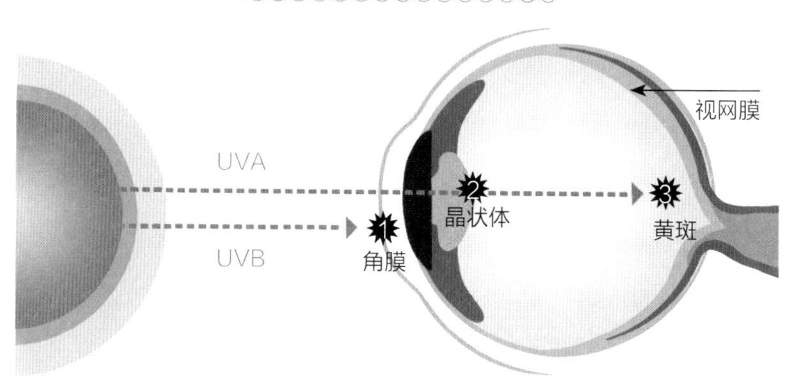

1. 光性角膜炎

眼睛直接暴露于紫外线下引起的角膜灼伤。眼睛会出现流泪、疼痛、充血等症状。

2. 白内障

如果长时间暴晒，晶状体会一点一点地受损。在晶状体变浑浊之后，眼睛看东西会变得模糊。

3. 黄斑病变

紫外线过强会导致黄斑区细胞渐渐死去或萎缩，严重的话可导致失明。

· 下雨天也要涂抹防晒霜

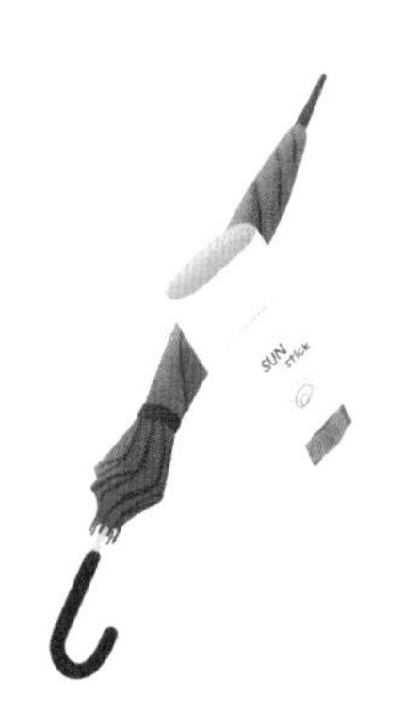

下雨天或阴天也有一定程度的紫外线，所以一定要使用防晒霜。另外，除了脸部外，紫外线还会影响脖子、胳膊和嘴唇。因此，不要只在脸部涂抹防晒霜，手和脖子等其他露出来的部位也要仔细护理。

· 注意饮食

有黑痣或雀斑等色素性皮肤问题的人，如果长时间暴露在紫外线下，症状就会变得更加严重。适当多吃鸡蛋、豆腐、海鱼、新鲜的水果和蔬菜、坚果类对预防色素沉着会有帮助。因为这些食品富含或维生素A、维生素C、维生素E等可以预防光老化的成分。

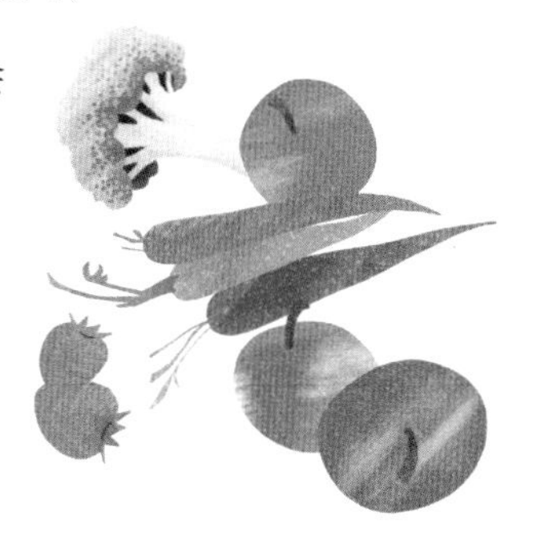

（2）夏天：明智地应对紫外线指数最强的季节

夏天是紫外线指数最强的季节。因为UVB过于强烈，所以在户外活动的人容易受到日光灼伤。日光灼伤一般会在4～6个小时之后表现出症状，所以晒太阳时很多人并没觉察出问题。加上夏季容易出汗，皮脂分泌旺盛，和其他季节相比，人们在夏季更容易出现各种皮肤问题（如过敏性皮炎、粉刺、痱子等）。

· 仔细检查清洁产品的酸碱性

要将皮肤上的汗水和污染物洗净，但不要使用刺激性过大的香皂等碱性清洁用品，最好选择弱酸性的沐浴凝胶。在夏天，为了保持清洁，经常洗澡是好事，但过度使用香皂是不好的。碱性的香皂会使皮肤的酸碱度（pH）从弱酸性变为碱性，降低皮肤的抵抗力。此外，过度去除皮脂会使皮肤变得干燥，皮肤的弹性和光泽度也会明显减弱。

· 管理生活环境

保持好室内外温度、湿度的均衡很重要。因为急剧的温度变化会使身体的抵抗力下降。虽然夏季时皮脂分泌旺盛，但皮肤里面依然会缺水，所以洗完脸后如果感到干燥，最好使用保湿霜。

· 要经常涂抹防晒霜

夏季日照时间长，紫外线强度高，所以应该经常涂抹防晒霜。在户外时要每隔2～3个小时涂抹一次，如果因为玩水或出汗导致防晒霜被冲掉，一定要立即补涂。

· 紫外线强烈的时间段尽量不要出门

紫外线最强烈的时间段是上午10点到下午2点之间，这段时间尽量不要出门。

· 油性皮肤请选择清爽的防晒产品

夏天皮肤的皮脂分泌量会增加，油性皮肤尤其如此。因此，油性皮肤的人要选择油分少、清爽型的防晒霜。如果有机防晒成分跟汗水混在一起流进眼睛里，就会刺激眼睛，一定要小心。

· 出门时请戴帽子或打太阳伞

出门时戴帽子或打太阳伞就能有效防晒，尤其是能够很好地阻挡照向脸部和眼睛的紫外线。

（3）秋天：摆脱紫外线照射“后遗症”

因为在整个夏天皮肤经受了强烈的紫外线、汗水和旺盛分泌的皮脂等的折磨，所以一到秋天皮肤就会有色素沉着或皱纹等“后遗症”。而且，头皮可能因为长时间被紫外线照射而受损，甚至出现暂时的脱发问题。

· 请使用保湿效果好的防晒霜

秋天天气凉爽干燥，皮肤的抵抗力会有所下降。夏天推荐使用油分少或无油的清爽型产品，但干燥的秋天则需要有一定油分的产品。可以根据肤质，选择含有保湿成分的防晒产品。

· 请选择SPF35、PA+++以上的产品

夏天要使用SPF值高一些的防晒霜，但秋天选择SPF值相对低一些且PA高的产品就可以。PA值代表阻隔UVA的能力。如果使用的化妆品中含有光敏性成分（如视黄醇、果酸），则尤其要关注防晒霜的PA值。UVA不仅能穿透玻璃，而且阴天时也存在，可以渗透到皮肤的真皮层。因此，秋天也要选择SPF35、PA+++以上的产品，而且长时间待在户外时一定要按时补涂。

（4）冬天：坚持做好防晒，防止皮肤老化

冬天时皮脂和汗液分泌减少，皮肤容易变得粗糙、干燥。冬天如果疏忽了皮肤管理，皮肤就可能因干燥和紫外线照射而急剧老化。因

此，冬天一定要涂抹保湿产品，而且不能丢下防晒霜。

· 冬天也要使用防晒霜

冬天，紫外线强度比夏天弱，但是UVA的量仍然不低。日常使用SPF15以上的产品较合适。冬天室外的积雪和冰会反射紫外线，位于海拔1000米处高山地带的滑雪场，紫外线比地面强15%。进行滑雪或高尔夫等户外活动时，要选SPF30、PA++以上的产品，并且要每隔2～3个小时补涂一次。如果选择富含保湿成分的防晒霜，效果就会锦上添花。

滑雪场防晒问答

问 在滑雪场要戴护目镜吗?

答 滑雪场的雪能将更多的阳光反射到眼睛上。如果眼睛在短时间内接受的光线过强，视网膜就可能受到损伤，甚至形成永久性的视力损伤。如果不戴护目镜长时间暴露在被雪反射的阳光下，视力就会受损。因此，滑雪时必须戴上太阳镜或护目镜。太阳镜的防晒能力评价不使用SPF，而使用UV指数（表示能阻隔的紫外线的波长），并标注吸收比例。例如，“UV 400nm 100%”表示太阳镜可以完全阻隔波长400nm以下的紫外线。

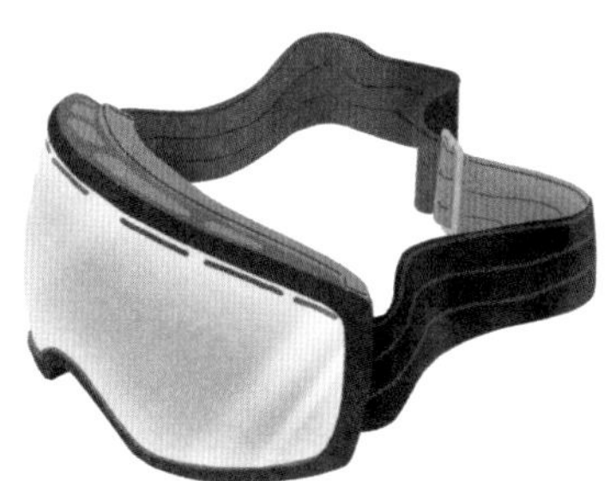

02

根据地点和场景选择防晒霜

即使在下雨天，也会有70%的紫外线到达地面。透明玻璃窗可以让90%的UVA通过，黑色玻璃窗可以让70%的UVA通过。如果要在向阳的窗户附近活动，也需要做好防晒。日光灯的灯光安全吗？日光灯仅含日光的百万分之一左右的紫外线，是安全的。但有报告显示，如果节能灯的荧光粉涂层有裂隙，就有可能释放部分紫外线。综上所述，在室内也要涂抹防晒霜。

（1）根据场景选择防晒霜

· 如果一整天都在家里，可以选择SPF15以上、保湿润肤型的产品。

· 如果要外出散步1～2个小时，可以选择SPF30以上的产品。帽子能提高遮挡紫外线的效果。

· 如果要去海边或者一整天都在户外活动，应选择SPF50以上的产品。一定要戴上帽檐宽大的帽子和太阳镜。

· 如果是下雨天，可以选择SPF30以下、柔滑的乳液型产品。

（2）根据地点选择防晒霜

不同的地点，其表面反射紫外线的能力不同，选择防晒霜时也要把这一点考虑进去。

根据地点选择防晒霜

地点（表面）	紫外线反射率	防晒霜建议等级
草坪	1%～2%	SPF10左右、PA+
网球场	4%～5%	SPF10～30、PA++
水泥地面	5%～10%	SPF10～30、PA++
沙地	15%～20%	SPF30以上、PA++或PA+++
滑雪场	80%～90%	SPF30以上、PA++或PA+++
水面	10%～100%	SPF30以上、PA+++

03

日常防晒妙招

（1）灵活利用衣服防晒

大部分衣服能吸收或反射紫外线。越厚、纤维越密的衣服，防晒效果就越好。而且，深色衣服的防晒效果比白色衣服更强。当然，防晒效果也会因织物的材质和成分而有差异。衣服的防晒效果类似SPF4～10的防晒霜，比如：白色T恤有SPF5～9的防晒效果，牛仔裤有SPF10左右的防晒效果。紧身的衣服防晒效果比宽松的衣服要差一些，因为皮肤和衣服之间有空间会让防晒效果加倍。

知识链接

湿衬衫有防晒效果吗?

与干衬衫相比，湿衬衫的防晒效果会降低30%～40%。因此，如果衣服因为玩水或流汗湿了，最好换一件。

紫外线防护系数

紫外线防护系数（ultraviolet protection factor，UPF）是指皮肤无防护时计算出的紫外线辐射平均效应与皮肤有织物防护时计算出的紫外线辐射平均效应的比值，可以反映织物对紫外线的防护能力。

根据中国的国家标准，防紫外线产品应在标签上标注标准编号，即GB/T 18830—2009。当40 < UPF ≤ 50时，标为UPF40+；当UPF > 50时，标为UPF50+。

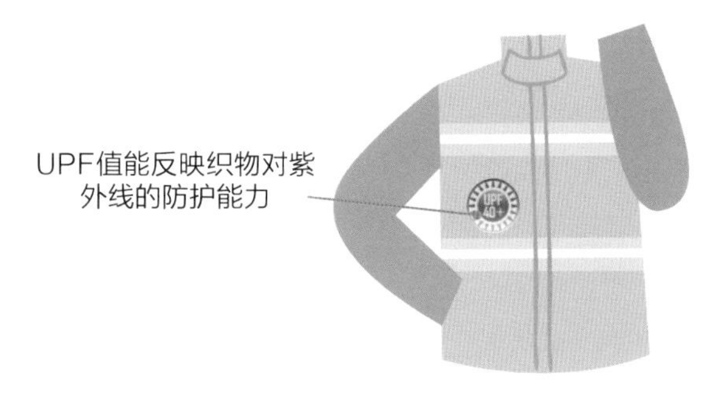

（2）帽檐越宽越好

遮阳帽最好选择帽檐10cm以上的。尤其是度假时戴的帽子，选择时一定要检查帽子是否可以遮住肩膀。

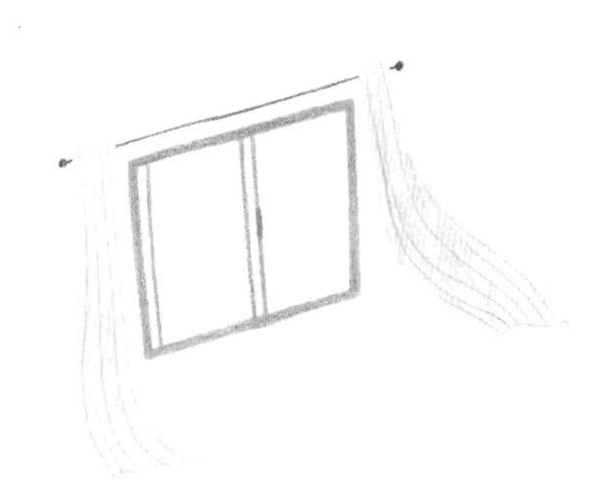

（3）灵活利用窗帘

UVB可以靠玻璃窗阻挡，但UVA和可见光则推荐利用窗帘阻挡。

日常生活中的防晒常识问答

问 海边的紫外线比山上的更强吗？

答 不一定。虽然无遮挡的海边紫外线很强，但紫外线也会随着海拔的升高而增强，高海拔地区的紫外线可能比海边的更强。

问 是涂抹一次SPF50的产品好，还是涂抹2～3次SPF30的产品更好？

答 SPF50的产品有大约1000分钟（16小时以上）的防晒效果，SPF30的产品有10小时左右的防晒效果。但是，汗水常常会把防晒霜冲掉，因此，涂抹2～3次SPF30的产品比涂抹一次SPF50的产品更有效果。

问 SPF值高的产品就一定好吗？

答 并不是SPF值越高，防晒效果就越好。SPF15和SPF30的产品防晒效果只差3%～4%。与高防晒指数相比，足量涂抹的效果会更好。孕妇、对日光过敏的人以及正在服用抗生素、激素的人，对阳光的抵抗力较弱，要使用防晒指数高一些的产品。皮肤白的人，最好选择防晒指数高一些的产品。但是，长痘或皮肤敏感的人，要选择没有刺激性的产品，哪怕SPF稍微低一点也没关系。

问 贵的产品效果更好吗?

答 不是的。防晒产品的原料价格都不算高。不要相信“贵的产品只要稍微涂一下，效果就非常好”之类的话。防晒霜如果不足量涂抹，就无法达到应有的防晒效果!

问 防晒霜会使皮肤干燥吗?

答 无机防晒剂会给人一种干燥紧绷的感觉，但不会刺激皮肤。如果感觉太干燥，可以在涂防晒霜之前涂抹保湿霜，或者使用富含保湿成分的防晒霜。

问 美白和防晒要同时进行吗?

答 黑斑严重的人往往会努力涂抹美白化妆品，但他们可能不知道涂抹防晒霜其实更重要。美白产品虽然能让黑色素变淡，但这样做治标不治本。如果继续暴露在紫外线下，黑色素就会再次猖獗。每天仔细涂抹防晒霜，才能预防新色斑生成，并防止原有色斑加重。

问 用了富含油分的防晒霜之后，可以省略护肤步骤吗?

答 因为防晒霜的油分会在皮肤上形成膜，所以油性皮肤可以省略面霜或涂抹油分少的保湿面霜。洗脸后，按爽肤水 → 乳液 → 精华 →（面霜）→ 防晒霜的顺序涂抹。

问 长痘时不能涂防晒霜吗?

答 紫外线会导致痘痘恶化及色素沉着。因此，不能因为有痘痘就不用防晒霜。可以在有炎症的部位涂上有镇静效果的祛痘产品，再轻轻拍打涂抹防晒霜。

问 对日光敏感的人应该怎样使用防晒霜?

答 这种皮肤类型的人外出时要经常补涂防晒霜，并使用SPF高一些的产品。在紫外线强的地区要使用SPF40以上的产品，每隔3～4小时补涂一次。

问 涂上防晒霜做美黑安全吗?

答 从皮肤科医生的角度来看，美黑对皮肤有百害而无一利。美黑用的日光是皮肤变老的催化剂，是老化、皮肤癌的罪魁祸首。美国的皮肤科医师每年都在提醒大众警惕由美黑引起的皮肤癌。虽然涂了防晒霜比不涂安全一些，但美黑本身不被提倡。

04

户外运动防晒指南

一到周末，即使是34℃以上的酷暑，也有玩自行车运动的人。马拉松也有很大的魅力，一旦爱上了，就会无法放弃。热衷于这类准职业级运动的业余爱好者有很多。这些户外运动爱好者和专业运动员无疑会遭受更多的紫外线攻击。尤其是专业运动员，从小就在紫外线下挥洒汗水，到了鼎盛时期却患上皮肤癌的事例也不少见。经常做户外运动的人该怎么保护皮肤呢?

· 将SPF15以上、能同时防UVA和UVB的产品均匀地涂抹在暴露的皮肤上。即使是阴天，也要每隔2小时涂一次防晒霜，游泳或出汗后要及时补涂。

· 要穿长袖衣服和长裤，戴宽帽檐的帽子和墨镜。

· 上午10点到下午2点是阳光最强烈的时间段，在此期间要尽量在阴凉处运动。

· 水、雪、沙子会反射阳光，增加照向人体的紫外线的量。在这些区域活动时，要制定充分的预防对策。

· 从维生素保健品或食物中摄取维生素D，不必为了补充维生素D特意去晒太阳。

· 要避免人工美黑。

· 要养成按时检查全身皮肤的习惯。如果皮肤出现某种变化，伴有黑褐色斑点或出血，就一定要去皮肤科就诊。

05

不可忽视的防晒盲区

(1)嘴唇也很脆弱

大家通常只把防晒霜涂在脸上，却忽略了嘴唇。其实嘴唇是最容易受紫外线“打击”的部位。嘴唇的皮肤组织表皮层薄、敏感，而且总是暴露在外面。因为没有黑色素和皮脂腺，如果暴露在紫外线下，嘴唇就更容易被日光灼伤或受损。由于嘴唇部位的皮肤再生速度快，我们往往意识不到它正在受损。随着这种损伤和恢复的反复，老化也在悄悄发生，嘴唇的弹性会逐渐减弱，皱纹会逐渐加深。据说4%的皮肤癌是从嘴唇下部发病的。唇癌是一种常见的恶性肿瘤。如果嘴唇周围长期有溃疡或破损后长时间不愈合，建议去看专科医生。

女性大多喜欢涂颜色漂亮的唇彩，而这会给嘴唇带来很大的伤害。美国贝勒大学的研究小组对持续使用珠光唇彩或唇膏的人进行了研究，结果显示，长期涂珠光唇彩或唇膏的人唇部健康状况比不涂的人要差。因为唇彩或唇膏中的珠光成分会吸引紫外线，使唇部更缺水。久而久之，唇部皮肤细胞的DNA持续受紫外线破坏，就会增加唇癌的发病风险。

那么，想涂唇彩的时候应该怎么做呢？应该先在嘴唇上涂抹SPF30以上的防晒产品，再使用唇彩。日常要涂抹SPF15以上的润唇膏防紫外线，尤其是夏季，请使用含有机防晒剂的唇膏和含无机防晒剂的防晒产品。

嘴唇易受紫外线伤害的原因

1. 与其他部位的皮肤相比，嘴唇的角质层非常薄。
2. 黑色素细胞和黑色素较少，容易被日光灼伤。
3. 几乎没有皮脂腺，与其他部位相比水分更易流失。
4. 更容易对PABA及其衍生物产生过敏反应。
5. 与其他部位相比，嘴唇更容易发生老化。
6. 人们往往只记得在脸部、胳膊、腿上涂防晒霜，却不把嘴唇当回事。

(2)头发也需要防晒吗?

我们通常认为，随着年龄的增长，发量会变少，发质会变软。这句话没有错，但紫外线对发质的损伤也不能忽视。如果经常暴露在阳光下，头发容易变稀疏，发质也会变得粗糙、没有光泽。强烈的阳光会破坏头发的蛋白质和黑色素，使头发容易断裂，发色也会变浅。

在海边的时候，强烈的紫外线会加速发质的损伤。头发被海水浸湿后如果被阳光直射，就很容易受损，如果护理不当，可能会带来头皮发炎等困扰。因此，不入水的时候，要找阴凉处休息。长时间在户外活动或玩水时，一定要使用含有防晒成分的护发产品。游泳之后要仔细洗头，因为海水的盐分和游泳池的消毒剂会损伤头发的蛋白质。因紫外线变得干枯、分叉的头发要用营养丰富的修复型护发素护理。

头发能阻挡紫外线，保护头皮，但头发短或发量少时，紫外线也会通过头发的间隙照到头皮上。这种情况下，最好戴帽檐宽的帽子或打遮阳伞。长时间戴帽子可能引发头皮不适，请选择透气性好的材质的帽子，比如草帽。

常见的头发专用防晒产品是头发防晒喷雾。头发专用防晒产品要在外出前30分钟使用。如果喷涂后立即受到阳光照射，产品就容易蒸发。如果等到产品自然变干，就能在头发表面形成坚固的防晒膜。头发专用防晒产品的持久力通常是2～3小时，因此，要随时补涂。在海边游玩时，入水后头发表面的防晒膜会被水冲掉，湿的部分要重新喷涂。如果不喜欢黏腻的感觉，就选择轻薄清爽的喷雾吧。

UVA或可见光不会破坏化学键，因此不会对头发造成损伤。但是UVB能被头发的蛋白质吸收，从而损伤头发。如果毛表皮（头发的最外层）受损，头发就会变粗糙，光泽也会消失。毛表皮层浮起会导致头发毛糙、分叉。被紫外线灼伤的头发会有一股烧焦的味道，这就是蛋白质被破坏时产生的二氧化硫的味道。紫外线会导致毛表皮层出现缝隙，也会破坏毛皮质层的黑色素颗粒，使其变小。

附录

01 植物中的抗氧化成分

02 能增强防晒功能的补充剂

03 各国防晒霜相关规范

04 防晒成分小百科

植物中的抗氧化成分

紫外线和炎症、吸烟诱导产生的活性氧会抑制炎症细胞浸润及弹性蛋白、胶原蛋白的生成，进而引发光老化甚至皮肤癌。这种活性氧可以被各种抗氧化剂去除。植物中的下列抗氧化成分有助于预防光老化和皮肤癌，快记下来吧。

· 类胡萝卜素（carotenoid）：黄色或红色色素。如果每天服用20mg，连服10周，可以起到光防护效果。

· 维生素E：与维生素C一起服用可以增加最小红斑量。

· 维生素C：与维生素E一起服用可以增加最小红斑量，有清除自由基等功效。

· 辅酶Q10（coenzyme Q10）：抑制脂质过氧化（lipid peroxidation），

保护体内的维生素E。

· 烟酰胺（niacinamide）：维生素B_3的酰胺化合物，能强化皮肤屏障、抑制炎性细胞因子、防止紫外线损伤，是一种安全且价格低廉的成分。

· ω-3 多不饱和脂肪酸（ω-3 polyunsaturated fatty acid）：存在于深海鱼和油料作物中，具有抗炎和抗氧化功能。

· 多酚（polyphenol）和黄酮类化合物（flavonoid）：可以从绿茶、咖啡豆、可可豆等植物中提取，具有抗氧化、抗炎症、免疫调节等功能，有助于修复DNA损伤。

· 石榴（*punica granatum*）提取物：富含多酚类物质。

· 原花青素（proanthocyanidin）：广泛存在于植物中的多酚类物质。

· 白藜芦醇（resveratrol）：从葡萄叶、葡萄皮中提取的多酚类物质。

· 绿茶（green tea）提取物：含有表没食子儿茶素没食子酸酯（epigallocatechin gallate，EGCG）。

· 碧萝芷（Pycnogenol）：从法国南部的海松中提取的黄酮类物质。

· 水飞蓟素（silymarin）：从水飞蓟中提取的黄酮类化合物。

· 异黄酮（isoflavone）：具有与雌激素类似的结构和活性，被视为植物雌激素（phytoestrogen）。

· 染料木素（genistein）：存在于大豆中，可抗炎症、抗氧化，预防光老化和光引发的癌症。

此外，还有白绒水龙骨（*Polypodium leucotomos*）提取物、西蓝花芽提取物（broccoli sprout extract）、夏枯草（*Prunella vulgaris*）提取物、枸杞子（goji berry）提取物等。

类胡萝卜素	多酚类	白藜芦醇	水飞蓟素	白绒水龙骨叶
	COCOA			
异黄酮	绿茶	石榴	枸杞子	西蓝花芽提取物

02

能增强防晒功能的补充剂

· 活性物质

用紫外线照射人体的遗传物质DNA，可导致DNA结构改变，碱基无法正常配对，从而影响DNA的复制。为了阻止这种损伤，防晒化妆品中常常会添加一些活性物质，以保护皮肤免受紫外线侵袭，并阻止细胞变异。

化妆品常用的活性物质是维生素和多酚等抗氧化剂。有抗氧化作用的维生素主要有水溶性的维生素C和脂溶性的维生素E。从植物中提取的原花青素应用广泛。最近，从海松树皮中提取的碧萝芷、从绿茶中提取的EGCG、从葡萄中提取的白藜芦醇、阿魏酸（ferulic acid）、咖啡酸（caffeic acid）等成分的使用量也在增加。此外，渗透压调节剂（osmolytes）、DNA修复酶（光修复酶、核酸内切酶）也作为防晒化妆品成分使用。

正如前面提到的，有机防晒剂靠吸收、中和紫外线达到防晒效果，随着时间的推移，其效果会减弱。因此，研究人员开发出了可延迟有机防晒剂的光解并维持其稳定性的工艺。添加铁螯合剂（iron chelator）、维生素C、维生素E等活性物质的效果很好，此外，Mexoryil SX等新成分可减少阿伏苯宗的光解。

各国防晒霜相关规范

欧盟以及新西兰、日本、印度等国家将防晒霜划分为化妆品，中国将其定为特殊用途化妆品，韩国将其定为功能性化妆品，美国和加拿大则将其划分为药品。

中国允许使用的防晒剂有27种，韩国允许使用的防晒剂有28 种，而美国认可的防晒剂只有16种。

国家、地区 / 事项	中国	韩国	日本	欧盟	东南亚
相关机构	国家药品监督管理局	食品药品安全厅	厚生劳动省	欧盟委员会	东盟化妆品协会
分类	特殊用途化妆品	功能性化妆品	化妆品	化妆品	化妆品
UVB试验方法	中国（SFDA）	食药厅告示 日本（JCIA） 美国（FDA） 欧盟（COLIPA） 澳大利亚/新西兰（AS/NZS）	ISO24444（日本自行规定）	国际SPF测定法	没有规定
UVA试验方法	日本（JCIA）	日本（JCIA）	日本（JCIA） ISO24442	黑色素持续沉淀和临界波长测定法	没有规定
标识法	SPF PA	SPF PA	SPF PA	SPF UVA标志及4段分类	没有规定（与欧盟相同）

04

防晒成分小百科

有机防晒剂				
中文名		英文名	防晒波段（nm）	备注
对氨基苯甲酸类	对氨基苯甲酸	PABA	260—315	吸收峰283nm
	二甲基PABA戊酯	pentyl dimethyl PABA		吸收峰297nm
	二甲基PABA 乙基己酯	ethylhexyl dimethyl PABA		吸收峰311nm
二苯酮	二苯酮-3	benzophenone-3	260—380	吸收峰286nm
	二苯酮-8	benzophenone-8	270—350	吸收峰284nm
	二苯酮-4	benzophenone-4	270—360	吸收峰286nm

续表

中文名		英文名	防晒波段（nm）	备注
肉桂酸酯类	西诺莎酯	cinoxate	270—328	吸收峰308nm
	甲氧基肉桂酸DEA盐	DEA methoxycinnamate	280—310	吸收峰290nm
	甲氧基肉桂酸乙基乙酯	ethylhexyl methoxycinnamate	290—380	吸收峰311nm
水杨酸类	水杨酸乙基己酯	ethylhexyl salicylate	250—320	吸收峰305nm
	三乙醇胺水杨酸盐	triethanolamine salicylate	260—320	吸收峰298nm
	胡莫柳酯	homosalate	290—315	吸收峰306nm

无机防晒剂

中文名	英文名	防晒波段
二氧化钛	titanium dioxide	广谱
氧化锌	zinc oxide	
高岭土	kaolin	
滑石粉	talc	
氧化铁	iron oxide	

1. 김상태. 기능성 화장품의 피부과학적 적용-일광차단제. 대한코스메틱피부과학회지 2004: 1: 28
2. 박윤기 등., 광의학. 피부과학 제5판, 여문각. 2008: 133
3. 성경제: 대한피부과의사학회지
4. 임숙희. 자외선 차단제에 대한 이해와 사용법. Dermatology Today 2012: 2: 17
5. 장성제 등. 생활속의 자외선, 화장품 신문사. 2002
6. Abulla FR. Tanning and Skin Cancer. Ped Dermatol 2005: 22: 501
7. Agin PP. Water resistance and extended wear sunscreens. Dermatol Clin 2006: 24: 75
8. Antony RY, et al. Acute and chronic effects of ultraviolet radiation on skin. Fitzpatrick's dermatology in general medicine, 7th ed. McGraw-Hills. 2008: 809
9. Autier P, et al. Quantity of sunscreen used by European students. Br J Dermatol 2001: 144: 288
10. Bandura A. Health promotion by social cognitive means. Health Educ Behav 2004: 31: 143
11. Baranowski T, et al. How individuals, environments, and health behavior interact: social cognitive theory. Health Behavior and Health Education, 3rd ed. 2002: 165

12. Barr J. Spray–on sunscreens need a good rub. J Dermatol 2004：52：180

13. Bech–Thomsen N. Aspects of exposure to UVA tanning sources. Carcinogenic effect in mice and melanogenic effect in man and mice. Dan Med Bull 1997：44：242

14. Bimczok R, et al. Influence of applied quantity of sunscreen products on the sun protection factor – A Multicenter Study Organized by the DGK Task Force Sun Protection. Skin Pharmacol Physiol 2007：20：57

15. Brussels, Guideline for evaluating sun product water resistance. The European Cosmetic Toiletry and Perfumery Association：2005

16. Buccheim R. Indoor tanning：unexpected danger. Consumer Reports 2005：30

17. Bylaite M, et al. Photodermatoses：classification, evaluation and management. Br J Dermatol 2009：16：61

18. Cokkinides V, et al. Trends in sunburns, sun protection practices, and attitudes toward sun exposure protection and tanning among US adolescents, 1998–2004. Pediatrics 2006：118：853

19. Cokkinides VE, et al. Sun exposure and sun pretection behaviors and attitudes amoung U.S. youth, 11 to 18 years of age. Prev Med 2001：33：141

20. Cokkinides VE, et al. Use of sunless tanning products among US adolescents aged 11 to 18 years. Arch Dermatol 2010：146：987

21. De Leo V. Sunscreen us in photodermatoses. Dermatol Clin 2006：24：27

22. Diffey BL, et al. Outdoor ultraviolet exposure of children and adolescents. Br J Dermatol 1996：134：1030

23. Diffey BL, et al. The influence of sunscreen type on photo protection, Br J Dermatol 1997：137：103

24. Diffey BL. When should sunscreen be reapplied? J Am Acad Dermaol 2001：45：882

25. Draelos ZD. Compliance and sunscreens. Dermatol Clin 2006：24：101

26. Draelos ZD. Sunscreen and hair photoprotection. Dermatol Clin 2006：24：81

27. Draelos ZD. Sunscreens. Dermatol Clin 2006：24：1

28. Eide MJ, et al. Public health challenges in sun protection. Dermatol Clin 2006：24：119

29. Fleischer AB, et al. Tanning facility compliance with state and federal regulations in North Carolina：a poor performance. J Am Acad Dermatol 1993：28：212

30. Geller AC, et al. Impact of skin cancer prevention on outdoor aquatics staff：The Pool Cool program in Hawaii and Massachusetss. Prev Mec 2001：33：155

31. Geller AC, et al. Raising sun protection and early detection awareness among Florida high schoolers. Pediatr Dermatol 2005：22：112

32. Glanz K, et al. Diffusion of an effective skin cancer prevention program: design, theoretical foundations, and first-year implementation. Health Psychol 2005: 24: 477

33. Glanz K, et al. Factors associated with skin cancer prevention practices in a multiethnic population. Health Educ Behav 1999: 26: 344

34. Glanz K, et al. Reducing ultraviolet radiation exposure among outdoor workers: state of the evidence and recommendations. Environ Health 2007: 6: 22

35. Hall DM, et al. Lifeguard' s sun protection habits and sunburns. Arch Dermatol 2009: 145: 139

36. Hanneman KK. Ultraviolet immunosupression, Dermatol Clin 2006: 24: 19

37. Hatch KL. Garments as solar UVR screening materials. Dermatol Clin 2006: 24: 85

38. Hornung RL, et al. Tanning facility use: are we exceeding Food and Drug Administration limits? J Am Acad Dermatol 2003: 49: 655

39. John LMH, et al. Cutaneous photobiology, Rook' s textbook of dermatology, 8th ed. Wiley-Black well 2010: 29

40. Jones SE, et al. Sunscreen use among US high school students, 1999-2003. J Sch Health 2006: 76: 150

41. Karagas MR, et al. Use of tanning devices and risk of basal cell and squamous cell skin cancers. J Natl Cancer Inst 2002: 94: 224

42. Kraemer KH, et al. The role of sunlight and DNA repair in melanoma and nonmelanoma skin cancer. The xeroderma pigmentosum paradigm. Arch dermatol 1994：130：1018

43. Krepke ML, et al. Pyrimidine dimmers in DNA initiate systemic immunosuppression in UV–irradiated mice. Porc Natl Acad Sci USA 1992：89：7516

44. Lillquist PP, et al. A population–based survey of sun lamp and tanning parlor use in New York State, 1990. J Am Acad Dermatol 1994：31：510

45. Lim HW, et al. Clinical guide to sunscreens and protection. Informa, NewYork, 1st ed. 2009

46. Lim HW, et al. Photoprotection and sun protective agents. Fizpatrick’s Dermatology in general medicine, 7th ed. MacGraw–Hill 2008：2137

47. Liven Z, et al. Replication of damated DNA and molecular mechanism of UVR mutagenesis. Crit Rev Biochem Mol Biol 1993：28：465

48. Loesch H, et al. Pitfalls in sunscreen application. Dermatol 1994：130：5665

49. Lowe JB, et al. Sun–safe behavior among secondary school students in Australia. Health Educ Res 2000：15：271

50. Lowe NJ. An overview of UVR, sunscreens and photo–induced dermatoses. Dermatol Clin 2006：24：9

51. Mackie RM, et al. Incidence of and survival from malignant melanoma

in Scotland: an epidemiological study. Lancet 2002: 360: 587

52. Marrett LD, et al. Trends in the incidence of cutaneous malignant melanoma in New South Wales, 1983–1996. Int J Cancer 2001: 92: 457

53. Matts PJ. Solar UVR: definition and terminology. Dermatol Clin 2006: 24: 1

54. Mawn VB, et al. A survey of attitudes, beliefs, and behavior regarding tanning bed use, sunbathing, and sunscreen use. J Am Acad Dermatol 1993: 29: 959

55. Mette B, et al. Sun protection factor persistence during a day with physical activity and bathing. Photodermatol Photoimmunol Photomed 2008: 24: 296

56. Moloney JF, et al. Sunscreens safety, efficacy and appropriated use. Am J Clin Dermatol 2002: 3: 185

57. Monfrecola G, et al. What do young people think about the dangers of sunbathing, skin cancer and sunbeds? A questionnaire survey among Italians. Photodermatol PHotoimmunol Photomed 2000: 16: 15

58. Moseley H, et al. A hazard assessment of artificial tanning units. Photodermatol Photoimmunol Photomed 1998: 14: 79

59. Nash JF, et al. Ultraviolet A radiation: Testing and labeling for sunscreen products. Dermatol Clin 2006: 24: 63

60. Nash JF. Human safety and efficacy of ultraviolet filters and sunscreen products. Dermatol Clin 2006: 24: 35

61. Oliphant JA, et al. The use of commercial tanning facilities by suburban Minnesota adolescents. Am J Public Health 1994：84：476
62. Osterwalder U, et al. Sun protection factores：worldwide confusion. Br J Dermatol 2009：161：13
63. Pogoto SL, et al. The sunless study：A beach randomized trial of a skin cancer prevention intervention promoting sunless tanning. Arch Dermatol 2010：1460：979
64. Pruim B, et al. Photobilogical aspects of sunscreen re–application. Australas J Dermatol 1999：40：14
65. Rabe JH, et al. Photoaging：mechanisms and repair. J Am Acad Dermatol 2006：55：1
66. Rhainds M, et al. A population–based survey on the use of artificial tanning devices in the Provence of Quebec, Canada. J Am Acd Dermatol 1999：40：572
67. Rigel DS. Effects of altitude and latitude on ambient UVB radiation. J Am Acad Dermatol 1999：40：114
68. Robinson JK, et al. Trends in sun exposure knowledge, attitudes and behaviors：1986 to 1996. J Am Acd Dermatol 1997：37：179
69. Sams WM. Sun–induced aging. Clinical and laboratory observation in man. Dermatol Clin 1986：4：509
70. Saraiya M, et al. Interventions to prevent skin cancer by reducing exposure to ultraviolet radiation：a systematic review. Am J Prev Med

2004：27：422

71. Saraiya M, et al. Sunburn prevalence among adults in the United States, 1999. Am J Prev Med. 2002：23：91

72. Sayre RM, et al. Product application technique alters the sun protection factor. Photodermatol Photoimmunol Photomed 1991：8：222

73. Schroeder P, et al. What is needed for a sunscreen to provide complete protection. Skin Therapy Lett 2010：15：4

74. Stern RS. Clinical practice. Treatment of photoaging. New Engl J Med 2004：350：1526

75. Swerdlow, et al. Do tanning lamps cause melanoma? J Am Acad Dermatol 1998：38：89

76. Tanner PR. Sunscreen product formulation. Dermatol Clin 2006：24：53

77. Weigmann HJ, et al. Determination of the protection efficacy and homogeneity of the distribution of sunscreens applied onto skin pre–treated with cosmetic products. Skin Res Technol 2001：First published online

78. Whitmore SE, et al. Tanning salon exposure and molecular alterations. J Am Acad Dermatol 2001：44：775

79. Whittaker S. Sun and Skin Cancer. Br J Hosp Med 1996：56：515

80. Wikonkal NM, et al. UVR induced signature mutations in photocarcino–genesis. J Invest Dermatol 1999：4：6

81. Woollons A, et al. Induction of mutagenic DNA damage in human fibroblasts after exposure to artificial tanning lamps. Br J Dermatol 1997：137：687

82. Yaar M, et al. Aging of skin, Fitzpatrick' s Dermatology in general medicine, 7th ed. MacGraw–Hill. 2008：963

83. Youn JI. Effect of ultraviolet radiation on the skin. J Korean Asso Radiat Port 1995：20：181